全民科普 创新中国

太空武器的秒杀

冯化太◎主编

汕头大学出版社

图书在版编目（CIP）数据

太空武器的秒杀 / 冯化太主编. -- 汕头：汕头大

学出版社，2018.8

ISBN 978-7-5658-3711-1

Ⅰ. ①太… Ⅱ. ①冯… Ⅲ. ①外层空间战－武器－青

少年读物 Ⅳ. ①E92-49

中国版本图书馆CIP数据核字(2018)第163948号

太空武器的秒杀　　　　　　　TAIKONG WUQI DE MIAOSHA

主　　编：冯化太

责任编辑：汪艳蕾

责任技编：黄东生

封面设计：大华文苑

出版发行：汕头大学出版社

　　　　　广东省汕头市大学路243号汕头大学校园内　邮政编码：515063

电　　话：0754-82904613

印　　刷：北京一鑫印务有限责任公司

开　　本：690mm×960mm 1/16

印　　张：10

字　　数：126千字

版　　次：2018年8月第1版

印　　次：2018年11月第1次印刷

定　　价：35.80元

ISBN 978-7-5658-3711-1

习近平总书记曾指出："科技创新、科学普及是实现创新发展的两翼，要把科学普及放在与科技创新同等重要的位置。没有全民科学素质普遍提高，就难以建立起宏大的高素质创新大军，难以实现科技成果快速转化。"

科学是人类进步的第一推动力，而科学知识的学习则是实现这一推动的必由之路。特别是科学素质决定着人们的思维和行为方式，既是我国实施创新驱动发展战略的重要基础，也是持续提高我国综合国力和实现中华复兴的必要条件。

党的十九大报告指出，我国经济已由高速增长阶段转向高质量发展阶段。在这一大背景下，提升广大人民群众的科学素质、创新本领尤为重要，需要全社会的共同努力。所以，广大人民群众科学素质的提升不仅仅关乎科技创新和经济发展，更是涉及公民精神文化追求的大问题。

科学普及是实现万众创新的基础，基础更宽广更牢固，创新才能具有无限的美好前景。特别是对广大青少年大力加强科学教育，使他们获得科学思想、科学精神、科学态度以及科学方法的熏陶和培养，让他们热爱科学、崇尚科学，自觉投身科学，实现科技创新的接力和传承，是现在科学普及的当务之急。

近年来，虽然我国广大人民群众的科学素质总体水平大有提高，但发展依然不平衡，与世界发达国家相比差距依然较大，这已经成为制约发展的瓶颈之一。为此，我国制定了《全民科学素质行动计划纲要实施方案（2016—2020年）》，要求广大人民群众具备科学素质的比例要超过10%。所以，在提升人民群众科学素质方面，我们还任重道远。

我国已经进入"两个一百年"奋斗目标的历史交汇期，在全面建设社会主义现代化国家的新征程中，需要科学技术来引航。因此，广大人民群众希望拥有更多的科普作品来传播科学知识、传授科学方法和弘扬科学精神，用以营造浓厚的科学文化气氛，让科学普及和科技创新比翼齐飞。

为此，在有关专家和部门指导下，我们特别编辑了这套科普作品。主要针对广大读者的好奇和探索心理，全面介绍了自然世界存在的各种奥秘未解现象和最新探索发现，以及现代最新科技成果、科技发展等内容，具有很强的科学性、前沿性和可读性，能够启迪思考、增加知识和开阔视野，能够激发广大读者关心自然和热爱科学，以及增强探索发现和开拓创新的精神，是全民科普阅读的良师益友。

目录
CONTENTS

神秘无敌的太空武器

太空武器的种类和发展

太空武器是指用于外太空作战的武器，特指专门打击敌方在外层空间运行的飞行器、卫星或弹道导弹的武器。太空武器大致分为两类，即动能武器和定向能武器。

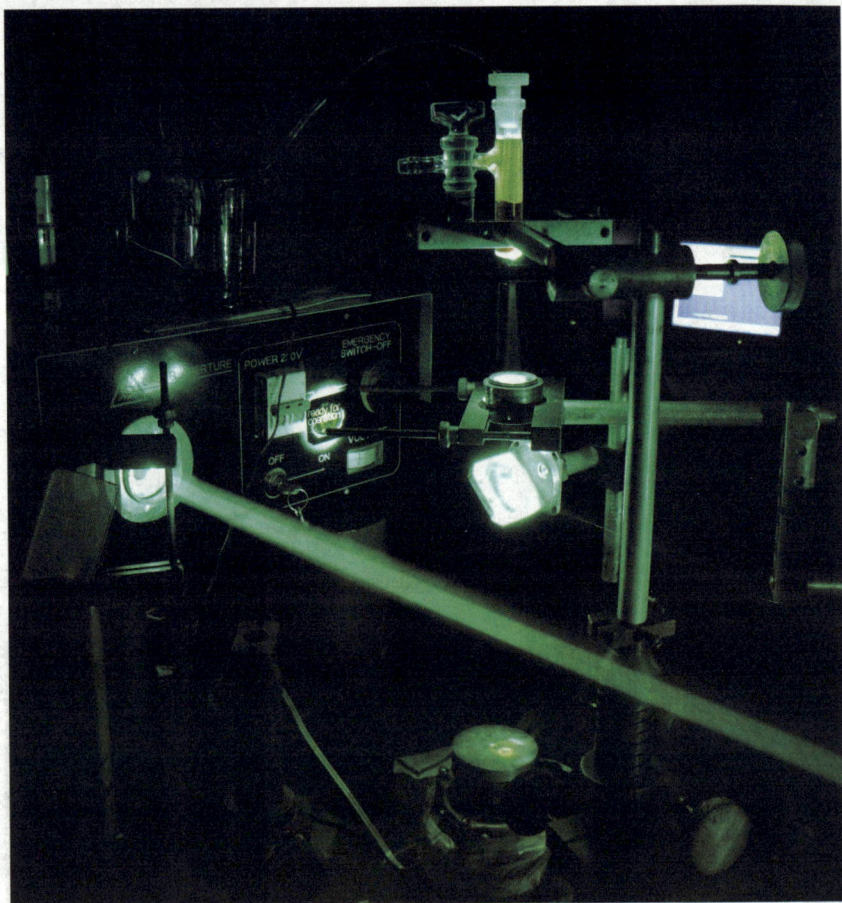

　　动能武器是指利用发射高超速弹头的动能直接撞毁目标的武器。所谓高超速，通常指具备5倍以上的音速的速度。音速为每秒331.36米，5倍则是达到了每秒千米以上的速度。由于弹头的速度极快，人们把它形象地称为"太空神箭"。

　　动能武器可以通过发射能够制导的高速弹头，以其整体或爆炸碎片击毁目标的武器。其主要用途是拦截弹道导弹和攻击军用卫星。

　　定向能武器，又叫束能武器，是利用各种束能产生的强大杀伤力的武器。依其被发射能量的载体不同，可以分为激光武器、粒子束武器、微波武器。

　　激光武器的是利用光束输送巨大的能量，与目标的材料相互作用，产生不同的杀伤破坏效应，如烧蚀效应、激波效应、辐射效应等。正是靠着这几项神奇的本领，激光武器成为理想的太空武器。

　　用激光作武器的设想是基于激光的高热效应。激光产生的高温可使任何金属熔化。同时激光以光速，即每秒钟30万千米的速度直线射出，延时完全可以忽略，也没有弯曲的弹道，因此不需要提前量，指哪打哪。另外，激光武器没有后坐力，可以迅速转移打击目标，还可以进行单发、多发或连续射击。

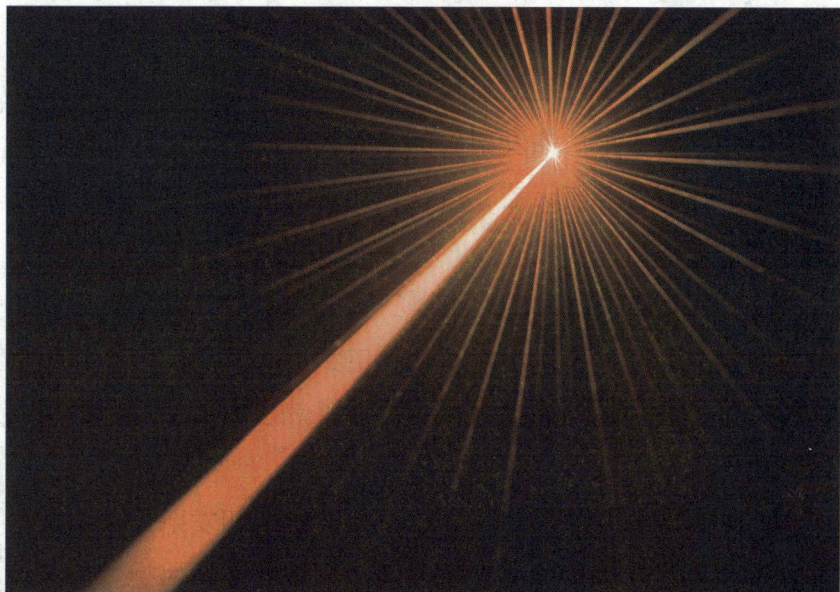

　　粒子束武器是利用粒子加速器原理制造出的一种新概念武器。带电粒子进入加速器后就会在强大的电场力的作用下，加速到所需要的速度。这时将粒子集束发射出去，就会产生巨大的杀伤力。粒子束武器发射出的高能粒子以接近光速的速度前进，用以拦截各种航天器，可在极短的时间内命中目标，且一般不需考虑射击提前量。

　　粒子束武器将巨大的能量以狭窄的束流形式高度集中到一小块面积上，是一种杀伤点状目标的武器，其高能粒子和目标材料的分子发生猛烈碰撞，产生高温和热应力，使目标材料熔化、损坏。

　　微波武器由能源系统、高功率微波系统和发射天线组成，主要是利用定向辐射的高功率微波波束杀伤破坏目标。微波波束武器全天候作战能力较强，有效作用距离较远，可同时杀伤几个目标。

特别是微波波束武器完全有可能与雷达兼容形成一体化系统，先探测、跟踪目标，再提高功率杀伤目标，达到最佳作战效能。它犹如无形的"神鞭"，既能进行全面毁伤、横扫敌方电子设备，又能实施精确打击、直击敌方信息中枢。可以说，微波武器是现代电子战、电磁战、信息战不可或缺的基本武器。

太空武器是一个全新的领域，即使像美国这样的超级大国也只是在发展阶段，但是美国依然处于世界领先地位。

对美国来讲，利用太空武器可以满足对其在全球快速投送武器计划的需要。未来的超音速无人驾驶空天飞机可以利用在太空中飞行的优点，实现在两个小时内打击地球上任何一个地方，这种能力被称为"即时全球打击"。

这种由美国空军提出的设想由两种飞行器组成，一个用来运送武器，另一个则用来投射炸弹。根据该设想的初步计划，将由小型火箭推进器作为发射和运载工具，炸弹则由一个载重达4.5吨、能自动寻的的通用航天器运载。

此后几年，美国空军将使用新研制的超高音速飞机取代火箭推进器，该飞机载重高达54吨，最大航程达到1.45万千米，而它最重要的特点是可以重复使用。

这种飞机能够从普通跑道起飞，其超高音速主要通过燃烧液氢燃料的超音速冲压喷气发动机实现，在飞行过程中，这种新型引擎可以反复熄火与启动，使飞机"跳跃式"进入地球的外大气层，而它可以搭载的武器也趋向多样化。

美国空军研究实验室还发射了一个微型卫星，这个代号为XSS-11的微型卫星的首个任务是与将之送入太空轨道后脱离航天器废弃的一级推进器在太空中重新汇合。

此后，XSS-11还将在地球轨道飞行一年左右，在此期间它还将与太空中的多个飞行物体进行"接触"试验，这意味着，美国空军在控制微型卫星的飞行上取得了初步成功。

同期，美国国防先进计划研究局还在进行着另一个名为"轨道快车"的项目，该项目旨在研制出一个维修卫星的原型和一个能接受维修服务的卫星原型，并要达到使两个卫星能在

太空中自动汇合，以展开维修和燃料补给服务。

　　如果把XSS-11微型卫星和"轨道快车"结合在一起，两者的潜在用途将大大增加。譬如，带有维修功能的微型卫星可以对在轨运行的大型卫星提供维修服务，为其更换零部件和进行功能升级，而微型卫星可以被用作其他卫星的"保镖"，多个微型卫星可以围绕在大型卫星的周围构建防护层。

  微型卫星是很好的反卫星武器，因为地面控制中心可以很容易地将微型卫星调动到一个正常卫星的危险距离范围内潜伏起来，然后等待指令自行爆炸将这颗卫星摧毁或令其失效。它还可以靠发射电磁能量来摧毁大型卫星的电子元件，从而导致其失灵关闭。它甚至能缠住目标卫星，充当寄生武器，对其进行干扰、发出伪信号、阻挡其视野或导致其失灵。

  从军事的角度来看，敌人可能根本不知道微型卫星就潜伏在本国卫星的身旁，一旦有需要，它就可以根据地面指令对目标卫星发动伏击。由于重量很轻，微型卫星可以搭乘民用太空发射任务的便车悄悄进入太空。

　　将来，重量和体积都将更小的卫星，例如重量只有10千克的"纳米卫星"，也可承担类似的接近和贴靠任务，这些卫星将在距离地球3.6万千米以上的同步轨道上运行，在同一轨道上，还有许多商业和民用卫星在运行，地面上的人想发现纳米卫星的威胁将非常困难，这种情况使纳米卫星如同具有了隐身术，更适合打伏击战。

　　总之，太空武器是高科技和经济实力的角逐，谁拥有这两方面的实力，谁就能占领太空武器的制高点，在未来的太空大战中立于不败之地

拓 展 阅 读

　　美国在20世纪80年代研制了一个星球大战计划，其核心内容是：以各种手段攻击敌方的外太空的洲际战略导弹和航天器，以防止敌对国家对美国及其盟国发动的核打击。其技术手段包括在外太空和地面部署高能定向武器或常规打击武器，在敌方战略导弹来袭的各个阶段进行多层次的拦截。

接近光速的定向能武器

定向能武器是利用激光束、粒子束、微波束、等离子束、声波束的能量，产生高温、电离、辐射、声波等综合效应，采取束的形式，而不是面的形式向一定方向发射，用以摧毁或损伤目标的武器系统。定向能武器无论能量载体性质有什么不同，作为武器系统都有其共同的特点。

  首先束能传播速度可接近光束，这种武器系统，一旦发射即可命中，无需等待；其次能量集中而且高，如高能激光束的输出功率可达到几百至几千千瓦，击中目标后使其损坏、烧毁或熔化。

  另外，由于发射的是激光束或粒子束，它们被聚集得非常细，来得又很突然，所以对方难以发现射束来自何处，来不及进行机动、回避或对抗。

  定向能武器主要分为两类：一类是常规定向能武器，包括各类激光、高能粒子束，也就是中性氢原子束和电子束武器；另一类是核定向能武器，包括核泵浦X光激光器、尚处于概念研究阶段的定向电磁脉冲弹、定向等离子体武器。

  可作定向能武器的激光器主要有：化学激光器、准分子激光器、X光激光器、自由电子激光器和γ射线激光器。定向能武器部署方式分天基和地基两种。

天基部署是指把定向能武器设置于轨道高度为千千米级的卫星或作战平台上。化学激光器、核泵浦X光激光器、γ射线激光器具有很高的能量重量比，因而可用于天基部署；中性粒子束主要用作目标识别，它仅能在120千米以上的高空运行，故只能用于天基部署。

另一类如准分子激光器和感应直线加速器型自由电子激光器，能量重量比小，重量和体积很大，只能用于地基部署。

定向能武器，依其被发射能量的载体不同，可以分为激光武器、粒子束武器、微波武器等几种：

激光武器可分为反卫星、反天基激光武器及反战略导弹等的战略激光武器和用于毁伤光电传感器、飞机及战术导弹等的

战术激光武器。

战略激光武器可攻击数千千米之外的洲际导弹，可攻击太空中的侦察卫星和通信卫星等。1975年11月，美国的两颗监视导弹发射井的侦察卫星在飞抵西伯利亚上空时，被苏联的"反卫星"陆基激光武器击中，并变成"瞎子"。

因此，高能激光武器是夺取宇宙空间优势的理想武器之一，也是军事大国不惜耗费巨资进行激烈争夺的根本原因。

反战略导弹激光武器的种类有化学激光器、准分子激光器、自由电子激光器和调射线激光器。自由电子激光器具有输出功率大、光束质量好、转换效率高、可调范围宽等优点。但是，自由电子激光器体积庞大，只适宜安装在地面上，作陆基激光武器使用。

作战时，强激光束首先射到处于空间高轨道上的中断反射镜。中断反射镜将激光束反射到处于低轨道的作战反射镜，作战反射镜再使激光束瞄准目标，实施攻击。

通过这样的两次反射，设置在地面的自由电子激光武器，就可攻击从世界上任何地方发射的战略导弹。

由于它部署在宇宙空间，居高临下，视野广阔，更是如虎添翼。在实际战斗中，可用它对对方的空中目标实施闪电般的攻击，以摧毁对方的侦察卫星、预警卫星、通信卫星、气象卫星，甚至能将对方的洲际导弹摧毁在助推的上升阶段。

　　战术激光武器主要由高能激光器，精密瞄准跟踪系统和光速控制发射系统等组成。战术激光武器的工作原理，以反导弹的防空激光武器系统为例，说明其工作原理。

　　首先，由远程预警雷达捕获目标，并将目标信息传送给指挥控制系统，指挥控制系统通过目标分配与坐标变换，引导精密瞄准跟踪系统捕获并锁定目标，精密瞄准跟踪系统再引导光束发射系统使发射望远镜对准目标。

　　当目标处于适当位置时，指挥控制系统发出攻击命令，启动激光器，由激光器发出的光束，经控制发射系统射向目标，并对其进行破坏。

　　粒子束武器是用高能强流加速器将粒子源产生的电子、质子和离子加速到接近光速，并用磁场把它聚集成密集的束流，直接或去掉电荷后射向目标，靠束流的动能或其他效应使目标失效。

除了粒子加速器外，粒子束武器还包括能源、目标识别与跟踪、粒子束瞄准定位和指挥与控制等系统。其中粒子加速器是粒子束武器系统的核心，用于产生高能粒子束。

为了对付加固目标，要把被加速粒子的能量提高到100MeV，甚至要提高到200MeV，并要求能源在600秒内连续提供100兆瓦的功率，最大流强10千安，脉冲宽高70纳秒，平均每秒产生5个脉冲。

　　粒子束武器对目标的破坏能力比激光武器更强。其主要特点是：穿透力强、能量集中，脉冲发射率高，能快速改变发射方向。根据其使用特点，粒子束武器分为两大类：

　　一类是在大气中使用的带电粒子束武器，它可以实施直接击穿目标的"硬"杀伤，也可以实施使目标局部失效的"软"杀伤；另一类是在外层空间使用的中性粒子束武器，主要用于拦截助推段导弹，也可以拦截中段或再入段目标。

　　粒子束武器的主要缺点：其一是带电粒子在大气层内传输能量损失较大；其二是由于束流扩散，使得在空气中使用的粒子束，只能打击近距离目标；其三是地磁场影响而使束流弯曲。因此，这种武器距离实战应用还需相当长时间。

　　微波武器是一种采用强微波发射机、高增益天线以及其他配套设备，使发射出来的强大的微波束会聚在窄波束内，以强

　　大的能量杀伤、破坏目标的定向能武器，其辐射的微波波束能量，要比雷达大几个数量级。

　　微波武器可用于杀伤人员，就其杀伤机理而言，有"非热效应"与"热效应"两种。"非热效应"是利用每平方厘米3~13毫瓦的弱波能量照射人体，以引起人员烦躁、头痛、神经紊乱、记忆力衰退等。这种效应如果用到战场上时，可使各种武器系统的操作人员产生上述心理变态，导致武器系统的操作失灵。

　　而"热效应"则是利用强微波辐射照射人体，能量密度为每平方厘米20瓦，照射时间为1~2秒，通过瞬时产生的高温高热，造成人员的死亡。

　　微波束另一个特点是，它可以穿过缝隙、玻璃或纤维进入坦克装甲车辆内部，烧伤车辆内的乘员。微波武器还可以使现代化武器系统中的电子设备及元器件失效或损坏。

　　例如，用每平方厘米0.01~1微瓦的弱微波能量，就可以干扰相应频段的雷达和通信设备的正常工作。

　　每平方厘米10~100瓦的强微波辐射形成的瞬变电磁场，可使金属目标表面产生的感应电流与电荷，通过天线、导线和各种开口或缝隙，进入坦克装甲车辆、导弹、飞机、卫星等武器

　　内部，破坏各种敏感元件如传感器、电子元器件等，使武器系统失去效能。

　　达到每平方厘米1000~10000瓦的超强微波能量，可在很短时间内使目标因受高热而导致破坏，甚至能够引爆武器中的炸药等，使武器被毁坏。

　　微波武器与激光束、粒子束武器相比作用距离更远，受天气影响更小，从而使对方相应对抗措施更加复杂化。美国已研制能在微波波段产生千兆瓦脉冲功率的实验型微波发射管，并希望最终脉冲功率达到100千兆瓦。

　　微波武器目前存在的问题：一是对有核防护设施的目标无效；二是使用中对友邻部队可能构成威胁。为了发挥微波武器的作用，其功率必须很大，这样就可能对在一定范围内的友邻部队的电子系统构成巨大威胁；三是微波武器可能遭受反辐射导弹的攻击。反辐射导弹是一种寻的无线电和雷达信号的导弹。不言而喻，由于微波武器能发射出功率很大的电磁波，反辐射导弹被看作是微波武器的天敌。

定向能武器技术虽然取得了重大进展，但仍存在大量的科学和工程上的困难问题有待解决：它的关键部件激光器和中性粒子束的一些性能还必须提高十倍到几百倍，尚需较长时间的深入研究，才能对它的效能、生存能力和效费比做出比较确切的判断。

拓 展 阅 读

据专家分析，陆海空三军中，由于海军对微波武器在重量、空间和功率方面提出的限制条件较少。因此，海军型微波武器有可能在未来10~20年内首先投入使用。

能秒杀导弹的等离子武器

等离子武器，就是超高频电磁能束或激光束在大气中聚焦，形成高电离化空气云，也就是等离子团；飞行物如飞机、导弹或流星等，一进入这种等离子体，导弹的弹头、飞机以及卫星等，产生旋转力矩，都会偏离飞行轨道，在巨大的超重影响下被摧毁。

这种超重现象是由飞行物表面巨大的压差和飞行物的惯性造成的。整个拦截过程仅需 0.1秒。

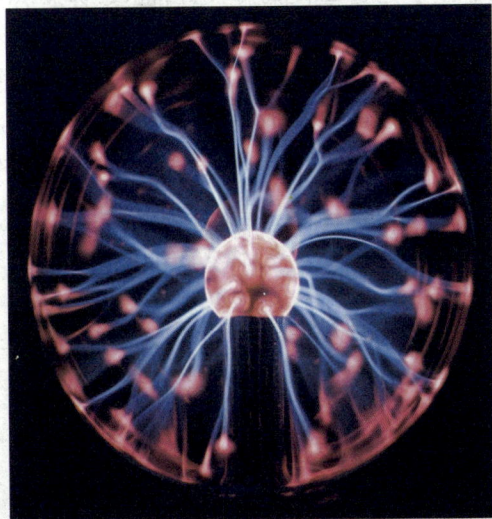

在现代战争中，如何有效地抗击导弹袭击是世界各国军事专家们共同关注的难题。现有的主要方式是"以导反导"，即用反导弹导弹拦截攻击的导弹，由于导弹目标小、飞行速度快，"以导反导"防不胜防，效果不好。

023

　　俄罗斯的阿夫拉缅科、阿期卡良和尼古拉那娃等3位科学家设计出了用等离子武器消灭空中导弹的新方法。对于各种飞行器而言，它们的致命弱点是飞行环境的特性，只要能改变它们的飞行环境，就能找到对付它们的办法。

　　他们决定利用彼此交叉的大功率电磁波束来改变飞行器的飞行环境，将超高频电磁波束在大气中聚焦，焦点处的空气高度电离，形成电离度和密度极高的空气团，即等离子云团，设下一个布满杀机的空中"陷阱"。

　　导弹、飞机等各种飞行器一旦进入等离子云团，就会偏离飞行轨道，产生旋转力矩，这样造成的大得惊人的向心力，足以将其撕成碎片，只要100毫秒就可以使它"粉身碎骨"。

　　这种武器主要由超高频电磁波束发生器、导向天线和大功率电源等组成。它集雷达搜索、发现目标和打击目标于一身，极大地简化了攻击过程。

等离子武器辐射的电磁波束并不聚焦在目标上，而是聚焦在目标的前方和两侧；不是用极高的能量将目标烧毁，而是以电磁波束设下"陷阱"，以破坏飞行器的飞行环境来打击目标。

另外，由于等离子武器辐射的电磁波束是以光速传播的，导弹弹头的飞行速度不过每秒8千米，最多每秒15千米，对于等离子武器辐射的电磁波束而言，相当于"慢镜头"动作或静止不动的目标，攻击非常容易。

等离子武器可在瞬间打击各种空中目标，对于真假目标能

够一并摧毁，可有效地对付来自太空和高、中、低空大气层内的各种飞机、导弹的袭击。

等离子态是物质的第四种形态，前三种为固态、液态和气态。等离子态的物体可以自由地占据可用空间，这一特征与气态十分相似，但是它的原理更加复杂，原子变成了离了并且释放出它们的电子，而电子可以自由地在充满气体的空间中流动。

等离子是许多常见设备的主要组成部分，如荧光管。然而，在武器研究方面，人们最感兴趣的等离子体是高能等离子体，高能等离子体的温度十分高，因此它的粒子有足够高的能量来引起互相之间的核聚变。

用聚变能量供电，这些等离子炮会把大气粒子吸进来，在聚变反应堆里加至过热，然后射出高能的等离子体产物。武器的战斗威力是目标几乎完全被毁灭。由于与大气的交互作用，武器的射程相对较短，但是它的效果仍然相当可观。

拓 展 阅 读

等离子武器主要部署于太空轨道或月球，是一种战略性武器，受禁止太空武器、束能武器及核武器公约限制，当前只有中、美、俄在研究，但谁也没有实用和部署。

睥睨天下的军用航天器

军用航天器是指专门用于军事目的的航天器，也就是在地球大气层以外，按照天体力学的规律，沿一定轨道运行的应用于军事领域的各类飞行器。军用航天器大致可分为三类：一是已经大量使用的卫星系统；二是处于研究发展中的天基武器；三是处于试验阶段的载人航天器。

21世纪，军用航天器的发展正经历着重大的转变，即由"非武器类"的情报搜集、通信、导航等向"武器类"方向发展。军事大国正大力研制各种各样的航天兵器。空间武器系统的许多关键技术已经取得重大突破。

现在，世界各国已发射的航天器中，直接为军事服务的约占70%，航天技术已成为世界经济发达国家军事技术特别是军事高技术不可缺少的重要组成部分。

自1957年10月4日苏联发射世界上第一颗人造地球卫星以来，军用航天器经过试验阶段后，在20世纪60年代中期先后投入使用。从70年代起，进入提高阶段：侦察卫星提高了分辨率；通信卫星扩大了通信容量和提高了抗干扰能力；气象卫星扩大了辐射探测波段和提高了分辨率；导航卫星提高了定位精度，并向全天候、全天时导航方向发展。

军用航天器有的还实现了"一星多用"。例如，照相侦察卫星兼有电子侦察和海洋监视的功能；导弹预警卫星兼有核爆炸探测的功能等。

在20世纪60年代，载人航天器主要发展了卫星式载人飞船和登月载人飞船。1961年4月12日，苏联发射了世界上第一艘载人航天飞船"东方"号。1969年7月20日，美国航天员首次登上月球。1971年、1973年，苏联和美国先后发射各自的第一个航天站。

此后，苏联进行了大规模卫星式载人飞船和航天站的试验

活动。美国则集中力量研制航天飞机。1981年4月12日，美国发射了世界上第一架航天飞机"哥伦比亚"号。

中国于1970年4月24日发射第一颗人造地球卫星，到1986年2月共发射18颗人造地球卫星。其中包括：6颗回收型卫星，用一枚运载火箭发射的3颗卫星，一颗地球同步试验通信卫星和一颗地球同步通信卫星。中国是世界上能回收卫星和发射地球同步卫星的少数几个国家之一。

军用航天器绝大部分是人造地球卫星，按用途可分为侦察卫星、通信卫星、导航卫星、测地卫星、气象卫星和反卫星卫星等。载人飞船、航天站和航天飞机，截至20世纪80年代中期仍是军民合用，尚未发展成专门的军用载人航天器。

军用航天器大多采用环绕地球的近圆轨道，轨道高度和倾角随具体任务而异。例如，照相侦察卫星要求在光照条件基本相同的情况下，拍摄高分辨率的相片，所以采用较低的轨道，其中有些是太阳同步轨道；通信卫星要求通信覆盖面积大，所以采用高轨道，大多是地球同步轨道。

　　航天器由不同功能的若干系统和分系统组成。一般分为专用系统和保障系统两类。前者用于直接执行特定任务，后者用于保障专用系统正常工作。

　　专用系统随航天器所执行的任务不同而异。例如，照相侦

察卫星的可见光照相机或电视摄像机，电子侦察卫星的无线电接收机和天线，通信卫星的转发器和通信天线，导航卫星的双频发射机、高稳定度振荡器或原子钟，反卫星卫星的跟踪识别装置和武器等。

保障系统里的结构分系统用于支承和固定航天器上的仪器设备，使各分系统构成一个整体，并承受力学和空间环境载荷。它一般由壳体、框架、隔板和支架等组成。

保障系统里的温度控制分系统用于保障仪器设备在空间环境中处于允许的温度范围之内。常用的温控材料和部件，有温控涂层、隔热材料、温控百叶窗、热管、加热器和热交换器等。

电源分系统用于为航天器上的仪器设备提供电能。它一般

由电源、控制器、功率变换器和电缆网等组成。电源有太阳电池、氧化银电池、燃料电池和核电池等。

姿态控制分系统用于保持或改变航天器的运行姿态以满足任务需要，例如，使照相机镜头对准地面，使通信天线指向地球上某一区域等。常用的姿态控制方式，有三轴控制、自旋稳定、重力梯度稳定和磁力矩控制等。

轨道控制分系统用于保持或改变航天器的运行轨道，通常由轨道机动发动机提供动力，由程序控制装置控制或由地面测控站遥控。

无线电测控分系统包括航天器上的无线电跟踪、遥测和遥控三个部分。跟踪部分主要由信标机和应答机组成，用于发出信号以便地面测控站跟踪航天器并测量其轨道；遥测部分主要由传感器、调制器和发射机组成，用于测量并向地面发送航天器的各种参数；遥控部分一般由接收机和译码器组成，用于接收地面测控站发来的无线电指令，传送给有关分系统执行。

计算机分系统用于贮存各种程序、进行信息处理和协调管理航天器上各有关分系统工作。

返回分系统用于保障返回式航天器安全、准确返回地面。它一般由制动火箭、降落伞、着陆缓冲装置、标位装置和控制装置等组成。

载人航天器除上述分系统外，还设有维持航天员生活和工作的生命保障分系统，以及仪表显示与手控、通信和应急救生等分系统。

军用航天器的发展趋势是：提高生存能力和抗干扰能力，实现全天时、全天候覆盖地球和实时传输信息，延长工作寿命，扩大军事用途和提高经济效益。

拓 展 阅 读

航天器主要有：人造地球卫星、卫星式载人飞船、各类侦察卫星、航天站和航天飞机；环绕月球运行的航天器、月球探测器、月球载人飞船和在行星际空间运行的行星际探测器等。

获取军事情报的侦察卫星

　　侦察卫星又称间谍卫星，是用于获取军事情报的军用卫星。侦察卫星利用光电遥感器、雷达或无线电接收机等侦察设备，从轨道上对目标实施侦察、监视或跟踪，以获取地面、海洋或空中目标发射的电磁波信息，用胶片、磁带等记录器存储于返回舱内，或通过无线电传输方式发送到地面接收站。

　　地面接收站经过光学、电子设备和计算机加工处理后，就

能从中提取有价值的各种军事情报。

　　侦察卫星按任务和设备的不同分为照相侦察卫星、电子侦察卫星、海洋监视卫星、预警卫星和核爆炸探测卫星。侦察卫星具有侦察面积大、范围广，速度快、效果好，可以定期或连续监视，不受国界和地理条件限制等优点。

　　搜集的情报种类可以包含军事与非军事的设施与活动，自然资源分布、运输与使用，或者是气象、海洋、水文等资料。由于现在的领空尚未包含地球周遭的轨道空域，利用卫星搜集情报避免了侵犯领空的纠纷；而且因为运行高度较高，不易受到攻击。

　　早期侦察卫星最主要的侦察手段是利用可见光波段的照相

机。随着科技的进步和情报种类的多样化，现在的侦察卫星使用的搜集手段可以大致上区分为主动与被动两大类。

主动手段就是由卫星发出信号，借由接收反射回来的信号分析其中代表的意义。譬如说利用雷达波对地面进行扫描以获得地形、地物或者是大型人工建筑等的影像。

被动手段是利用被侦察的物体发射出来的某种信号，加以搜集并且分析。这种侦察方式是最为常见的一种，包括使用可见光或者是红外线进行照相或者是连续影像录制，截收使用各类无线电波段的信号，比如各种雷达与通讯设施等。

各种光学摄影效果的最大分辨率是各国家的机密，不过从各种公开或者是半公开的资讯当中，很多人相信目前的侦察卫星要取得地面上的车牌的数字是轻而易举的，至于是否可以连

报纸上的文字都能够清晰地获得，尚无法确认。

　　世界上第一颗间谍卫星是美国于1959年2月28日从加利福尼亚州范登堡空军基地里用"宇宙神-阿金纳A"火箭发射的"发现者1号"。1960年10月，"宇宙神-阿金纳A"又运载着另一颗间谍卫星"萨摩斯"升上了蓝天。

　　这两颗卫星在太空运行中进行了大量录音和录像，在苏联和中国的上空轨道上飞行一圈所收集到的情报比一个最老练、最有见识的间谍花费一年时间所收集的情报还要多上几十倍。

　　苏联也于1962年发了"宇宙号"间谍卫星，对美国和加拿

大进行高空间谍侦察。截止1982年底，美国和苏联分别发射了373颗和796颗专职间谍卫星，这一千余名"超级间谍"在几百千米高的太空上，日日夜夜监视着地球的任何一个角落。

间谍卫星具有侦察范围广、飞行速度快、遇到的挑衅性攻击较少等优点，苏美两国都对它格外钟情，把它当作"超级间谍"来使用。

1973年10月中东战争期间，美国和苏联竞相发射卫星来侦察战况。美国间谍卫星"大鸟"拍摄下了埃及二三军团的接合部没有军队设防的照片，并将此情报迅速通报给以色列，以军装甲部队便偷渡过苏伊士运河，一下子切断了埃军的后勤补给线，转劣势为优势。

与此同时，苏联总理也带着间谍卫星拍摄下来的照片，匆匆飞往开罗，劝说埃军停火。1982年英、阿马岛之战期间，美国和苏联频繁地发射间谍卫星，对南大西洋海面的战局进行密切的监视，并分别向英国和阿根廷两国提供敌方军事情况的卫星照片。

可以说，间谍卫星的数量和发射次数，已经成了国际政治、军事等领域内斗争的"晴雨表"了。

拓 展 阅 读

美国最先进的军用间谍卫星能够"看见"地面士兵手中枪的型号、报纸的标题。3~7米分辨率的卫星可以发现雷达、小股部队、导弹基地、指挥所等较小目标。1米分辨率的卫星可以"识别"城市建筑物和道路以及汽车，并能"确认"航空母舰、飞机、坦克等武器装备。

实时传送数据的照相侦察卫星

　　照相侦察卫星就是利用光电遥感器对地面摄影以获取军事情报的侦察卫星。它是发展最早、最快，发射数量最多，技术最成熟的卫星之一。

　　卫星所载遥感器主要有可见光照相机、红外相机、多光谱或超光谱相机、电视摄像机、成像雷达和扫描仪等。目标信息

记录在胶片上或星载记录器中，由地面回收胶片或接收无线电传输的图像信息，加工处理后，判读和识别目标的性质，并确定其地理位置。

照相侦察卫星按信息传送到地面方式的不同分为返回型照相侦察卫星和传输型照相侦察卫星。返回型是将拍好的胶卷存入回收舱中返回地面，其优点是图像分辨率高、直观，易于识别分析，缺点是回收不及时，容易贻误战机。传输型是先把图像信息记录在磁带上，当卫星飞到地面接收站的控制区时，将图像信息发送到地面，由地面进行处理、识别。它的优点是地面收到信息快，但图像分辨率不高。

按获取图像遥感器的不同分为光学型照相侦察卫星和雷达型照相侦察卫星。光学照相侦察卫星作为一种重要的空间侦察手段，被喻为太空中的"眼睛"，它是利用光学成像设备进行侦察，获取军事情报的卫星。目前最好的光学照相侦察卫星所拍摄的图像可以分辨出汽车尾部的牌照。雷达成像侦察卫星则可以弥补光学成像侦察卫星的不足，其独特的穿透侦察能力，对于夜间和全天候监视非常有用。

按用途的不同分为普查型照相侦察卫星和详查型照相侦察卫星。前者分辨率为3~5米，一幅图片的面积达几千到一两万平方千米，主要用于大面积监视目标地区的军事活动、战略目标和设施的特征以及对危机地区和局部地区的战略侦察；后者的分辨率优于2米，一幅图片可覆盖几十到几百平方千米，主要用于获取局部地区重要目标详细信息的战略和战术侦察。

照相侦察卫星的主要发展趋势是提高地面分辨率、时间分辨率、侦察图像宽度、移动目标指示能力等。美国和苏联/俄罗斯发射了大量的照相侦察卫星。

　　由于卫星技术、光学遥感技术、信息传输技术和图像处理技术的进步，使照相侦察卫星性能有了很大提高。由于卫星轨道运行时间长，侦察覆盖面广，且飞行不受国界限制，又没有驾驶人员的生命安全问题，所以目前美国卫星已取代人驾驶的飞机来执行照相侦察任务。

　　照相侦察卫星上使用的照相机有"全景照相机""画幅式照相机"和"多光谱照相机"。

　　"全景照相机"可以旋转整个相机，其旋转角度达180度，可以用来进行大面积搜索、监视、进行地面目标的"普查"。"画幅式照相机"主要用于"详查"地面目标，把某一个重要目标拍摄到一张分辨率很高的胶片上。

美国"大鸟"照相侦察间谍卫星上的画幅式照相机，从160千米的高空拍摄下来的照片，竟能够分辨出地面上0.3米大小的物体，也就是说能够看清是一只狗还是一只猫。

"多光谱照相机"装有不同的滤光镜，对同一目标进行拍照，得到几张不同的窄光谱的照片，由于不同的物体具有不同的光谱特性，所以，只要用"多光谱照相机"对伪装的物体进行拍照，就可以揭露它的真面目，识破敌方的诡计。

现代最先进的侦察卫星是美国的KH-12卫星。KH-12是美国现役的光学成像侦察卫星，从1990年2月28日开始发射的，至今已经发射了5颗，是美国目前空间照相侦察的主力。

KH-12星上载有一个反射望远镜系统，一台红外扫描仪，一个独立的遥感器包和高分辨率CCD可见光相机等设备。

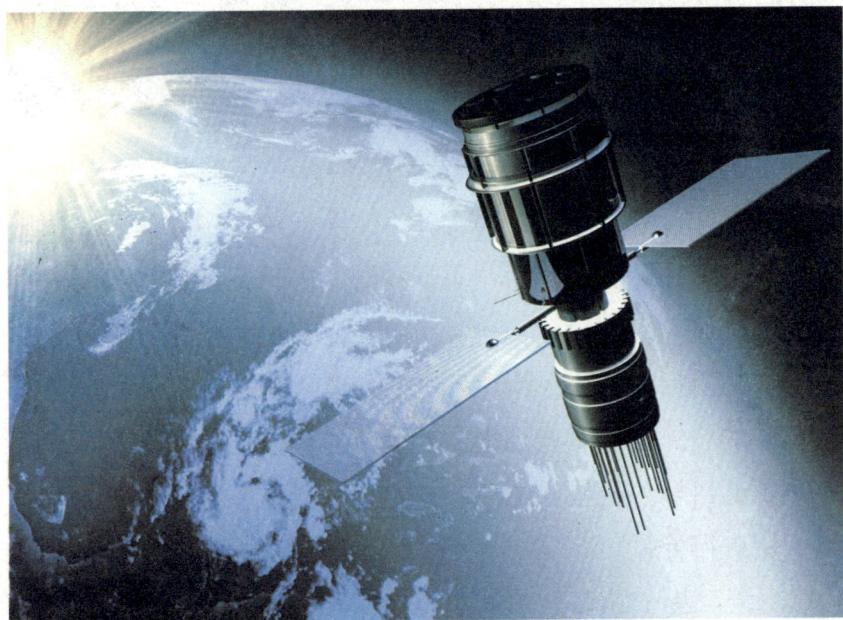

　　星体全长13.1米，直径4米。直径4米的星体本身就是一个大的反射望远镜的镜体，可以在800千米的空中分辨0.1~0.15米的物体。还装有被称为"星光视野"的暗视装置，可以进行夜间侦察。

　　KH-12能以与"哈勃"空间望远镜一样的方式进行成像，卫星上的红外相机可发现地面伪装物、飞机发动机和大烟囱等有热源的目标。卫星上的高级"水晶"测量系统可使数据以网格标记进行传输。

　　另外，星上还装有雷达高度计和其他用于测量地形高度的传感器。KH-12的燃料用完之后可由航天飞机在轨进行加注，因而该星的机动变轨能力很强，其设计寿命达8年。

KH-12不仅有可见光/近红外成像仪，还增装了热像仪，可用于监测地下核爆炸或其他地下设施。星上装有GPS接收机、雷达高度计和水平传感器等，对目标定位十分准确。

最重要的是，KH-12通过跟踪与数据中继卫星实现大量高速率的图像数据实时传送，因此能在全球进行实时侦察。

苏联虽然在1961年4月12日首先发射了世界上第一艘载人宇宙飞船，揭开了载人航天技术发展的序幕，但是在间谍卫星研制方面还落后于美国。

1962年3月16日，苏联第一颗间谍卫星"宇宙-1号"飞上了蓝天，在短短的9个月内，苏联一口气发射了"宇宙-1号"至"宇宙-12号"总共12颗照相侦察间谍卫星，着实使美国谍报部门大吃一惊。

"宇宙号"照相侦察间谍卫星重约4~6吨，分普查和详查两种，并且都是回收型的。初期时均为卫星整体回收，1968年后才发展成为只回收胶卷舱，以延长卫星的使用寿命。

回收一律是在苏联的塔什干和哈萨克地区进行，当卫星飞抵这些地区上空时，卫星的仪器舱与回收舱便自动分离，装有胶卷与信标发射机的回收舱从空中下降，到一定高度时便自动打开降落伞，进行软着陆。

在降落过程中，信标发射机还会连续以四对字母TK、TG、TF、TL中的一对莫尔斯电码发射信标信号，以便使回收人员准确寻找到回收舱的降落点。

苏联光学侦察卫星共历经了6代。第一代和第四代为胶片回收型光学成像卫星，其中前三代的分辨率为1-4米，第四代采用两台相机，分辨力达到0.3米。第五代属可机动高分辨率传输型卫星，带有光电遥感仪，使卫星具有实时侦察能力，其地面分辨率大于3米，是类似于KH-11的普查卫星。

苏联第六代照相侦察卫星装有高性能的光学系统及供实时数字图像传输的现代电子设备，可提供实时数字图像，具有多次变轨能力，可降到150千米高度清晰拍照，也可以抛下回收型胶卷舱，具有双重功能。

拓展阅读

美国的侦察卫星KH系列已发展了六代。KH即keyhole，"锁眼"的意思。其中"科罗纳"计划KH-1、2、3、4为第一代；"氩"计划的卫星KH-5、"火绳"计划的KH-6为第二代；"后发制人"计划的KH-7、8为第三代；"大鸟"计划的KH-9为第四代；"凯南/晶体"计划的KH-11为第五代；"偶像"计划的KH-12为第六代。

能测定信号源的电子侦察卫星

　　电子侦察卫星是用于侦察、截收敌方雷达、通信和武器遥测系统所发出的电磁信号，并测定信号源位置的侦察卫星。

　　卫星所载电子侦察设备由接收机、天线和终端设备组成，对侦收的电磁信号进行预处理后，发送到地面接收站，以分析电磁信号的各种参数，对信号源进行定位或破译，从中提有价值的军事情报。

　　电子侦察卫星按侦察对象的不同分为雷达情报侦察卫星和通信情报侦察卫星；按用途的不同分为普查型电子侦察卫星和详查型电子侦察卫星；按信号源定位体制的不同分为单星定位制电子侦察卫星和多星定位制电子侦察卫星。

　　电子侦察卫星在战争中具有极其重要的作用，其主要发展趋势是提高天线灵敏度，提高实时信息处理能力，信息处理从地面向星上转移和提高时间分辨率等。美国和苏联/俄罗斯发射了大量的电子侦察卫星。

　　电子侦察卫星通常运行于300~500千米，甚至1000~1400千米的近圆轨道。电子侦察卫星按侦察任务分为雷达侦察型、无线电通信侦察型和弹道导弹试验侦察型三种。

　　到1986年底，美苏已分别发射电子侦察卫星83颗和139颗，其中，最有代表性的是美国1985年1月24日用航天飞机发射的侦察卫星，它重13.6吨，星上载有两种直径为22.9米的天线，可截获100兆赫到20千兆赫之间的所有频率的电波。

美国在早期的"发现者"系列卫星上曾进行过电子侦察的试验，1962年5月发射的"搜索者"号是世界上最早的实用侦察卫星，在现代战争中，电子侦察卫星已成为获得情报所不可缺少的手段。

1991年海湾战争中，美国在空袭伊拉克前几个月就开始通过电子侦察卫星搜集掌握了大量的伊军电子情报。利用这些情报在空袭前几十分钟开始对伊展开电子战，使伊大部分雷达受到强烈干扰而无法正常工作，无线电通信全部瘫痪，连巴格达电台的广播也因干扰而无法听清。

苏联从20世纪60年代中期开始发射电子侦察卫星，到1982年底共发射了134颗。苏联的电子侦察卫星一般是椭球体或圆

柱体，多采用"混杂多颗组网法"使用，即在同一轨道内，发射4~8颗电子侦察卫星，一颗飞过去后，紧接着又飞过来一颗，可以接力式地连续进行通信窃听。

这种卫星具有情报联络的功能，可以与世界各地的苏联间谍保持无线电联系。1977年4月，伊朗反间谍部门逮捕了一名叫拉巴尼的间谍，他就是利用"通信情报型的电子侦察卫星"在飞越当地上空时，接收这颗间谍卫星发送给他的密码电文。由于在接收密码电文时，拉巴尼没能隐蔽好他的卫星接收天线而被反间谍部门发现，突然冲进密室将他抓获。

美国从20世纪60年代初开始发射电子侦察卫星，到1982年底共发射了78颗。分为普查型和详查型两种。普查型电子侦察卫星体积较小。

如美国的"PH-11电子侦察卫星"即属此类。它高仅0.3米，直径0.9米，呈八面柱体，重量约为60千克。往往是在发射其他较大的卫星时，把它捎带上一起发射出去，所以国外谍报部门也叫它"搭班车间谍卫星"。

1962年美国发射的"搜索者"号电子侦察卫星能够在很宽的频段内对无线电系统进行侦察。这种间谍卫星重约1000千克，它在一天中可以两次飞越莫斯科上空，并能把截获到的无线电信号储存起来，当卫星运行到预定地域的上空时，又会自动将情报用无线电发回地面，或用回收舱送回地面。

美国情报部门常常用它来截收苏军总部发至全球各海上舰

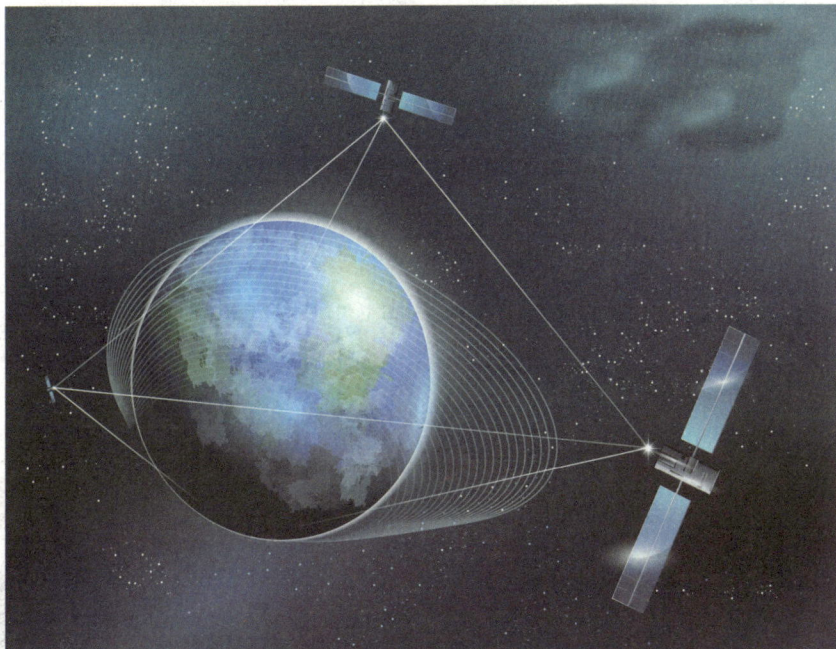

队的秘密电波。1973年发射的"流纹岩"电子侦察卫星主要是截获窃听苏联从普列谢茨克试验发射固体洲际导弹以及从白海试验发射核潜艇导弹的电子讯号。

它可以同时监听11000次电话或步话机的通话。在澳大利亚和英格兰都设有专门接收"流纹岩"电子侦察卫星传输无线电信号的地面卫星接收站。

电子侦察卫星还有一种特殊的"跟踪人"本领。只要间谍把一种"显微示踪元素"或"电子药丸"加在特制的食物和饮料中让某个人吃下去，那么，当电子侦察卫星飞到这个人所在的区域时，卫星上的电子和摄影仪器便会对这个人进行跟踪，无论这个人走到哪里、躲在哪里都无法逃出卫星的跟踪。

拓展阅读

电子侦察卫星比其他电子侦察手段优越和安全，弱点是当地面雷达或电台过多、信号过密过杂，就难以筛选出真正有用的信息，而且容易受假信号的欺骗和干扰。如果地面雷达和电台临时关机，也可以躲过它的侦察。

监视导弹发射的导弹预警卫星

导弹预警卫星是用于监视发现和跟踪敌方弹道导弹的发射的侦察卫星。通常被发射到地球静止卫星轨道，由几颗卫星组成预警网，可昼夜对地面进行监视。

导弹预警卫星上装有高灵敏度的红外探测器和带望远镜头的电视摄像机，在敌方从地面或水下发射导弹后数十秒内，红

外探测器即可探测到导弹上升段飞行期间发动机尾焰的红外辐射，并发出警报。

同时，高分辨率的电视摄像机跟踪拍摄目标，自动或按照地面遥控指令向防空指挥部发回目标图像，并在地面电视荧光屏上显示出导弹尾焰的图像。预警卫星上一般还装有核辐射探测器，往往兼作核爆炸探测卫星。

预警卫星采用高轨道，覆盖范围广，能克服地面防空雷达因电波信号沿直线传播受地球曲率影响而不能尽早发现目标的缺点。根据敌方导弹发射场的远近，可获得15~30分钟预警时间，从而便于己方捕捉战机，及时组织战略防御或实施反攻，

它是现代战争中战略防御系统的重要组成部分。

导弹预警卫星反应灵敏，预警范围广；具有一定的抗毁能力；工作寿命长。其探测方式为红外探测器；探测频率为每分钟5~6次；反应时间50~60秒；传输时间少于90秒。

美国于1960年开始发射试验型导弹预警卫星，1970年开始部署工作型导弹预警卫星，先后实施过3个导弹预警卫星计划。"米达斯"计划是美国第一个导弹预警卫星试验计划。

1960年2月26日至1966年10月5日期间，美国共发射了12颗试验型卫星。经多次试验发射之后，无法投入实际应用，国防部下令停止了此项计划。

　　弹道导弹预警系统计划是继"米达斯"之后的一个过渡性预警卫星计划。1966年末，美国空军与有关公司签订多项合同，研制一种新型预警卫星，作为部署工作型卫星过渡性临时措施。

　　1968年8月6日至1970年9月1日，美国从卡纳维拉尔角发射了4颗小型载荷卫星，其中3颗发射成功，1颗未进入预定轨道。该卫星近地点为3.2万千米，远地点为4万千米。卫星轨道远地点在赤道北面的上空，只要部署两颗卫星就能随时发现苏联导弹的发射情况。这项过渡性计划为美国部署工作型预警卫星打下了基础。

　　冷战期间，美国实施国防支援计划，对外又叫"647"计划，其导弹预警卫星是同步轨道预警卫星，是美国战略系统的重要组成部分。发射时先进入近地轨道，再进入转移轨道，最后进入地球同步轨道。星上除装有改进的红外探测器外，还装有一台电视摄像机。

这项计划主要用于监视苏联、中国洲际弹道导弹的发射、试验及其他航天活动，对中程导弹也有极佳的预警作用，其辅助任务是航天发射探测和核事件探测。

该卫星能在每8~12秒钟对地球表面上某一特定地区扫描一次，并能在50~60种热源内识别出导弹红外源，还能在3~4分钟时间内将预警信息发送到北美防空司令部。

美国该卫星现役系统一般是5颗星在轨，其中3颗工作，2颗备份，如果苏联向美国本土发射洲际弹道导弹，可提供25~30分钟的预警时间。工作寿命7~9年，有一定抗毁能力。卫星可以在各种天气情况下昼夜提供情报。

1984年，美国又发射了新一代卫星，称为DSP-1型，不仅能发现红外辐射强的洲际弹道导弹和潜射弹道导弹，还能对诸如潜射弹道导弹之类较冷的红外源有更好的报知能力，而且有很好的自我保护能力。

海湾战争期间，DSP-1在伊方"飞毛腿"导弹发射后的30秒内即探测到了导弹阵地的位置，为"爱国者"导弹提供了1分钟左右的预警时间，战争后期，已能对"飞毛腿"导弹提供4分钟左右的预警时间。

因此，可以说"爱国者"能成功拦截"飞毛腿"，导弹预警卫星的早期预警是关键。

冷战结束后，美国国防部受海湾战争的启发，研制了下一代预警卫星系统，以提高对战术导弹的预警能力。经过多种方案的对比，从降低计划费用和满足战术应用要求两方面考虑，美国国防部1991年底提出了天基红外系统计划。

该系统将取代国防支援计划系统，用于探测助推段与中段飞行的弹道导弹，所提供导弹发射的预警信息，可满足21世纪美军对全球范围内战略和战术导弹预警的需要。

天基红外系统由高轨道部分和低轨道部分组成，其中高轨道部分包括四颗地球同步轨道卫星及两颗大椭圆轨道卫星，它们将装备高扫描速度和高分辨率的红外探测器，而低轨道部分称为"空间与导弹跟踪系统"，由12~24颗低地球轨道卫星组成。

天基红外系统能透过大气层探测和跟踪导弹飞行时火箭发动机排出的火焰。在导弹起飞后10~20秒内把信息传输给作战指挥机关，并引导反导弹武器对目标进行拦截。

天基红外系统投入运行后，使战术导弹的预警速度与精度比以前的国防支援计划系统提高10倍以上。

苏联的导弹预警卫星是在1967年发射的。它既能够"看"到美国中西部的戴维斯－蒙森、小石城的"大力神导弹"发射基地和马姆斯特罗姆、沃化的"民兵式导弹"发射基地，又能

随时与其国内保持通信联系，用这种大椭圆轨道的预警卫星每天可以进行14小时的监视，因此，只要同时使用2~3颗这种卫星就可以进行全天候的环球监视了。

至1982年底，苏联共发射了33颗导弹预警卫星，在太空中与美国又开始了一轮超级侦察之战。

21世纪，有些国家正在研制新一代的导弹预警卫星，主要是采用一种"凝视"型红外探测器。这种探测器含有几百万个敏感元件，各自负责凝视盯住地球表面的每个地区。

只要某地区有导弹发射，快速飞行的导弹尾部喷出的猛烈火舌便会被卫星上某一部位的敏感元件感测到，于是立刻就可以预先报警了。它还具有排除非导弹的自然火光和飞机尾部的热辐射，降低虚警率和测算出导弹的轨迹、飞行速度及弹着点等高度敏感精确的功能。

拓 展 阅 读

美国正在研制的新一代导弹预警卫星将由高轨道卫星、低轨道卫星共同组成。其中高轨道导弹预警卫星主要用于预警战略导弹，低轨道卫星用于跟踪全球范围内来袭导弹发射后的全过程。所以美国新一代导弹预警卫星能同时预警战略导弹和战术导弹。

提供全天时通信的军用通信卫星

军用通信卫星是作为空间无线电通信站，担负各种通信任务的人造地球卫星。包括战略通信卫星和战术通信卫星。前者提供全球性的战略通信，后者提供地区性战术通信以及军用飞机、舰船和车辆乃至单人背负终端的机动通信。

　　自20世纪80年代以来，战略通信卫星和战术通信卫星的区分已不明显。军事通信联络要求迅速、准确、保密和不间断。与民用通信卫星相比，现代军用通信卫星具有抗干扰性好、机动灵活性大、可靠性高、生存力强等显著特点。

　　这些特点是靠选择不同通信体制、调整发射功率和接收灵敏度、改变天线波束宽窄和指向、实行星上信号处理和交叉组合连接、强化遥控指令系统和采用核电源等技术来达到的。通信的保密性主要是靠地面通信终端设备对信息作特殊处理来保证。

　　世界上第一颗通信卫星是美国于1958年12月18日发射的"斯科尔"号卫星。这是一颗试验性卫星，该卫星成功地将当时美国总统艾森豪威尔的圣诞节献词发送回了地球。

世界上最早的地球同步轨道通信卫星是美国的"辛康"号卫星。1963年2月14日发射的"辛康"1号仅获部分成功。1963年7月26日发射的"辛康"2号获完全成功。

它当时主要用于侵越美军与五角大楼之间的作战通信，从此卫星通信卫星具有通信范围大的优点，在赤道上空等距离布设3颗卫星，即可实现除南北极之外的全球通信。

20世纪70年代初，美国国防部对卫星通信带来的优势非常满意，于是开始着手建立军事卫星通信体系结构标准，以此来促进这一领域技术和项目的开发，进而更有效地满足军方需求。

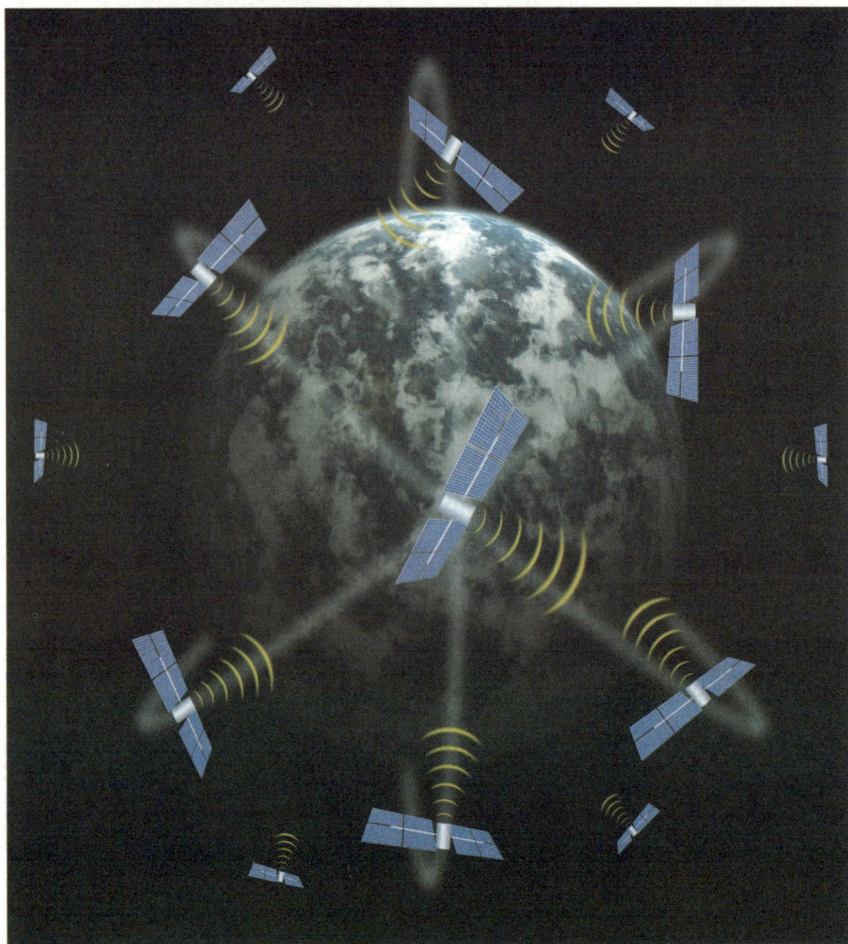

　　1976年，首个成熟的军事卫星通信体系机构正式出台，并且至今依然是美国军事卫星通信项目的基础之一。该体系结构由3部分组成：宽带通信、窄带通信和保护型通信。美军建设军事卫星通信的目标是建立一个包含各部分、支持多种用户和项目的通用卫星系统。

　　宽带卫星通信主要用于提供高数据速率应用，宽带数据速率定义为每秒64kb以上。宽带卫星通信系统大多采用固定式终端以及安装在大型舰船和飞机上的便携式终端。典型的宽带卫星系统有国防卫星通信系统以及特高频后续星上搭载的全球广播业务有效载荷。

窄带卫星通信用户的特点是采用具有低增益天线的小型终端。这些终端采用低到中等数据速率，可以安放在飞机、舰船或者地面车辆等。随着技术的进步，这一范畴的数据速率已经得到了提升，宽带和窄带通信之间的分割点已经很模糊。窄带卫星通信网络能够连接的用户范围很广，从战区内到横越大洋。典型的窄带卫星系统有舰船卫星通信系统、租赁卫星系统和特高频后续卫星系统等。

保护型通信的特色在于移动性。它采用的终端具有极低到中等的数据速率，可以在舰船、飞机或地面车辆上使用。在一次低数据速率交换中，这些终端能够提供相当重要的保护能力，让它们的链路免受物理、核和电磁威胁的破坏。典型的保护型卫星系统有军事星系统、空军卫星通信系统和极高频有效载荷。

军用通信卫星今后正向更高频段，就是上、下行为44/20吉赫方向发展。选择更高的频率可使收发波束变窄，实现跳频范围大，减少被窃听和受干扰的可能，也可使地面天线等设备小型化，使通信终端具有更好的机动性。

通过电子、机械或两者相结合的方式控制波束的形状、大小和方向，可进一步提高通信的灵活性和抗干扰能力，尤其是采用可控零点指向的相控阵天线后能切断来自覆盖区内任何点

的干扰信号。

卫星采取防电磁脉冲和核辐射的保护措施，可提高卫星在直接攻击和核爆炸情况下的生存能力。

军用通信卫星的运用主要源于冷战时期的美国和苏联两个超级军事大国。苏联用于军用的通信卫星有混编在"宇宙"号卫星系列中较低轨道的通信卫星，大椭圆轨道的"闪电"号通信卫星以及地球静止轨道的"虹"号、"荧光屏"号和"地平线"号等通信卫星。

"虹"通信卫星是苏联的军民两用地球静止轨道通信卫星。卫星重约1965千克，采用3轴稳定。主要用于国内民用通信。其X波段转发器提供军事部门和政府机关的保密通信。从1992年开始，俄罗斯通过这种卫星加入国际电话网。

"信使"通信卫星是苏联的低轨道通信卫星，重225~250千克，采用重力梯度稳定，轨道高度1300~1500千米，分军用和民用两种型号。军用型号于20世纪80年代中期投入使用，主要为部队提供数据传输。90年代初开始发射试验性民用型号。此后俄罗斯航天局建立了一个由36颗卫星组成的全球商业通信卫星网，提供电子邮件传递和移动电话通信业务。

"快讯"通信卫星是俄罗斯的地球静止轨道通信卫星。1994年10月首次发射，是"地平线"通信卫星的后续型号。重约2500千克，设计寿命5~7年。主要用于为以俄罗斯为首的国际卫星组织提供商业通信业务，以及通过莫斯科地面站系统转播电视节目。

美国于1982年10月29日用"大力神"34D型运载火箭加惯

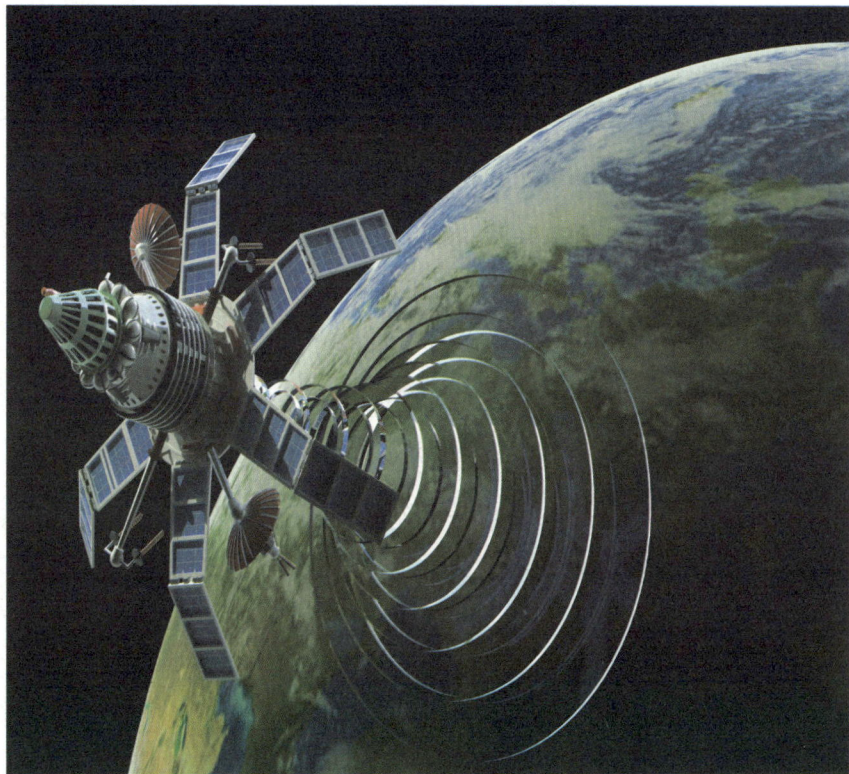

性末级同时发射了"国防通信卫星"Ⅲ号和另一颗"国防通信卫星"Ⅱ号。

"国防通信卫星"Ⅲ号系列卫星是先进的军用通信卫星，采用静止轨道，在赤道上空分别部署4颗工作卫星和2颗备用卫星。每颗卫星装有7个转发器和10副不同类型的天线，总带宽为375兆赫，能够以频分多址、码分多址和单路单载波多种通信体制工作，通信灵活，机动性和抗干扰性强。

其双轴万向架圆盘天线可控制点波束指向，使覆盖区根据需要而移动；喇叭天线保证全球范围覆盖；1副61个馈源阵接收天线和2副19个馈源阵发射天线可根据需要改变覆盖区的大小和形状，并使功率获得最佳分配，因而具有全球战略通信和局部战术通信的双重功能。通信转发器增益控制范围可达39分贝。

应用卫星上的通道开关通过地面遥控指令可与各种收发天线组合交叉连接，提高了通信的可靠性和灵活性。S、X波段双重遥控指令系统加强了卫星的生存能力。卫星采用公用舱设计，既简化了测试，又易于排除故障，还可以缩短卫星的研制周期。它可用"大力神"号运载火箭发射，也可用航天飞机发射，还具有同时发射两颗卫星的结构接口。

军用卫星的发展趋势主要在于提高卫星的生存能力和抗干扰能力，实现全天候、全天时覆盖地球和实时传输信息，延长工作寿命，扩大军事用途。

拓 展 阅 读

世界上最早部署国防卫星系统的美国自1958年至1984年，共部署了三代国防通信卫星68颗，使军队指挥能运筹帷幄，决胜千里。据说，美国总统向全球一线部队下达作战命令仅需3分钟。

摧毁敌方卫星的反卫星卫星

反卫星卫星又称截击卫星或拦截卫星，是主要用于拦截、攻击、破坏、摧毁敌方在轨卫星或使其失去工作能力的军用卫星。它和空间观测网、地面发射-监控系统组成反卫星武器系统。

这个系统在接到命令后，将反卫星卫星发射到预定轨道上，根据目标卫星的运行轨道，启动变轨发动机，做变轨机动去接近目标卫星，采用椭圆轨道法、圆轨道法或急升轨道法，用导弹、激光武器、高能粒子束武器、自身爆炸和碰撞等杀伤手段将其摧毁，或用无线电干扰方法使其电路

中断，失去工作能力。

从1957年苏联发射第一颗人造地球卫星以来，通信、侦察、导航、海洋监视、导弹预警等军用卫星充斥外层空间，外层空间已在军事上具有战略地位。因此，研制反卫星卫星已成为一项重要战略措施。

反卫星作战过程大致如下：由空间观测网对敌方各种卫星进行不间断的观测，编存目标参数，判定其性质，在适当时机将反卫星卫星发射到预定轨道上，不断监视目标卫星的运行情况；必要时由反卫星卫星上的自动控制系统发出指令，启动变轨发动机，进行变轨机动去接近目标卫星并将其摧毁。最后，由地面发射–监控系统判断其效果。

反卫星卫星的攻击方法有椭圆轨道法、圆轨道法、急升轨道法等几种。

椭圆轨道法是将反卫星卫星发射到一条椭圆轨道上，远地点接近目标的轨道高度，多用于拦截高轨道的卫星。

圆轨道法是反卫星卫星的圆轨道与目标卫星的轨道共面，这样可以较容易地进行变轨机动去接近目标卫星，并可节省推进剂。

急升轨道法是将反卫星卫星发射到一条低轨道上，并在一圈内进行变轨机动，快速拦截目标卫星使其来不及采取防御措

施，但需要消耗较多的推进剂。

在一般情况下，对较高轨道的目标卫星使用前两种攻击方法，但反卫星卫星要运行数圈才能完成拦截任务。对轨道高度为500千米以下的目标卫星，通常采用后一种攻击方法。

20世纪70年代以来，国外对反卫星卫星已做过多次试验，其中一种试验装置的总重量约3000千克，其中变轨机动用的推进剂约500千克，用两级液体火箭发射入轨，具有改变轨道面倾角5°～10°的能力，使用非核战斗部或无控火箭，能拦截运行高度为150~1500千米的卫星。

20世纪80年代初反卫星武器系统仍处于试验阶段。随着科学技术的发展，反卫星卫星将具有拦截多个目标的能力，并使用激光武器或高能粒子束武器摧毁目标卫星。

世界上的任何事物都具有双重性。既然有人研制出了太空间谍，利用卫星进行军事行动，那么就一定有人去研制一种克制它的方法，因此反卫星卫星就出现了。

现代用于反卫星的手段可以有多种方法：一是在反卫星卫星上装上杀伤性武器，如导弹、激光，甚至是一个大铁块，把对方的卫星摧毁，使其失去作用；另一种方法就是利用无线电干扰的办法，用卫星不断地发射强大的无线电波，用于干扰对方的通信，使它的指挥失灵或者线路中断。

还有一种办法就是擒拿，首先计算出对方卫星的轨道，然后利用反卫星卫星进行变轨，跟踪并接近目标卫星，用机械手将其擒住，并装入容器，带回地面。美国曾用航天飞机把一颗已经出故障的卫星从轨道上抓回，在地面修复后，又发射上去。

随着科学技术的不断进步，反卫星技术肯定还会有新的突破。但是我们希望这一技术的发展，不是用于作为攻击对方的武器，而是把它作为修复故障卫星、清除空间垃圾的有效手段，不然我们这个世界就不太平了。

1975年，苏联进行了一次损坏或摧毁太空运行卫星的武器试验，试图有朝一日，能将太空对手消灭掉。几个星期后，苏联又进行了另一次试验。一颗卫星从苏联哈萨克斯坦的丘拉坦基地发射，进入轨道后就追赶另一个在太空运行着的苏联卫星。

经过一阵追逐之后，后发射的卫星靠近并"停"下来观察它的"猎物"，然后，离开一定距离，自身爆炸。这次不动声色的演习说明，"猎者"可以根据地面指令来"猎取"它的"猎物"。类似这样的试验，苏联进行了几十次，而美国，也在进行研究和试验。这些试验中的"猎者"就是被人们称为"太空歼击机"的截击卫星。

众所周知，在现代战争中，要想掌握战争主动权，必须设法发挥自己卫星的"千里眼"和"顺风耳"的作用；同时，为了使敌人处于被动挨打的地位，又要想方设法使对方成为"瞎子"和"聋子"。

因此，敌对双方都千方百计设法消灭对方的军用卫星，保护自己的，这样，就促使反卫星武器的发展。"太空歼击机"，也就是反卫星卫星就是消灭"敌人"的有效太空武器之一。

如今不论太空"间谍"如何诡计多端，也难逃出反卫星武器之"手"，这是矛与盾发展的必然。

1980年4月18日，在苏联领土上空，苏联的"宇宙"1174号卫星，以仅8000米之差的距离，超过了两个星期前发射的"宇宙"1171号卫星。这两颗卫星在浩瀚太空几乎碰撞了，这

是怎么一回事呢？

原来"宇宙"1174号卫星是苏联的截击卫星，而半个月前发射的"宇宙"1171号，则是苏联的特制靶星。

由于制导系统的一点点错误，致使这次撞击没有完全成功。在几百千米的太空，这两个"宇宙"号卫星的轨道之差不应该是8000米，而只能是几百米甚至是几十米。

这是苏联从1968年以来的第17次截击卫星摧毁目标，即靶星的试验。实际上，苏联一直进行截击卫星试验，仅1968年10月和1970年10月，就进行了四次截击卫星的试验。

1968年10月19日，苏联从列宁格勒附近的普列谢茨克基地

发射了作为目标的"宇宙"248号卫星，次日从中亚的丘拉坦基地发射了截击卫星"宇宙"249号，进入一个椭圆轨道。

而后，由地面出无线电控制指令，"宇宙"249号开始作轨道机动，去接近"宇宙"248号，要求"宇宙"249号接近到248号100米至200米内。然后249号又自动离开248号。

在适当距离时，它的战斗部爆炸，而由"宇宙"248号上的各种仪器记录和拍摄战斗部爆炸的试验结果。"宇宙"249号爆炸后，分裂成25块碎片。11月1日苏联又发射了截击卫星接近"宇宙"252号，试验情况与"宇宙"249号类似。

两年之后，苏联又进行了截击卫星的试验，1970年10月20日发射了作为目标的"宇宙"373号卫星，10月23日发射了截击卫星"宇宙"374号。374号入轨后第二圈，开始机动变轨去接近373号。这次试验与上次不同的是，在373号上装有类似"空对空导弹"的无控火箭武器，当374号接近到一定距离时，从373号发射火箭武器，摧毁"宇宙"374号。

这几次试验都是在同一轨道面内进行轨道机动，去接近目标的。这种截击卫星在同一个平面内所完成的机动，称为共面机动。当然，这种特殊情况在实战中是少有的。

试验中使用的是常规武器，而不是核武器。把武器放在截击卫星上，可以使一个截击卫星多次进行拦截试验。从1971年起，苏联对反卫星武器开始了第二阶段的试验，采用了追逐方法，去接近目标、击毁目标。

1971年2月9日，苏联发射了目标，即电子监听卫星"宇宙"394号，它既担负电子监听使命，又当作被攻击的目标。半个月之后，又发射了截击卫星"宇宙"397号。

尔后，根据地面指挥控制中心发出的指令，"宇宙"397号开始机动变轨，去接近"宇宙"394号。机动变轨除轨道高度变化外，还不断地改变轨道倾角，从初始的62度变化至65.8度，进入"宇宙"394号的轨道面，并与之相遇，这时，从

"宇宙"397号发射火箭武器,摧毁了"宇宙"394号。这可以说是苏联反卫星武器的首次综合性的试验。

3月19日苏联又发射了目标,即电子监听卫星"宇宙"400号,4月1日发射了截击卫星"宇宙"402号,它进入了一条较低的椭圆轨道。然后,"宇宙"402号向上作轨道机动,进入了一条与"宇宙"400号很相近的近圆轨道。

4月9日,苏联又发射了截击卫星"宇宙"404号,入轨后向上作机动,去接近"宇宙"400号,最终进入了一条与"宇宙"400号很相近的轨道。不久,进行战斗部试验,"宇宙"402号被分裂成许多碎片。12月初,苏联又进行了另一次

综合性的拦截试验。

这四次试验表明，苏联试图使"间谍"卫星具有保卫自己和摧毁敌方空间目标的能力。

试验中，进行轨道的空间机动，即改变轨道的高度，也作轨道倾角的改变。这种综合机动，首先是改变轨道平面，然后接着机动到目标的轨道上。

轨道倾角变化在5~10度范围内，表明苏联截击卫星具有较大的轨道机动能力，而且试验中采用由一个截击卫星完成所有的截击任务，即从轨道机动接近目标，直到发射火箭武器去摧毁目标，都由截击卫星完成的。要实现这一点，就要严格控制截击卫星的速度增量，即速度改变量。

1971年前的试验，截击卫星的主要攻击对象是轨道较低的各种侦察卫星及轨道较高的导航卫星和通信卫星，由于所带的燃料限制，只能够拦截一个目标。对于3万多千米高度的地球同步轨道卫星，苏联还不具被拦截能力。

1976年初至1977年10月，苏联又进行了七次拦截卫星试验，其试验过程大致是，发射一个"宇宙"号卫星作目标在轨道上运行，取得准确轨道参数，过几天，发射另一个"宇宙"号卫星，然后控制截击卫星变轨机动去追击目标，把它击毁。

从多次试验结果表明，苏联的反卫星武器系统已经走上实用阶段，性能在不断提高，已达到具有拦截地球同步轨道，即高度约为3.6万千米卫星的能力。

拓 展 阅 读

1959年6月19日，美国空军一架B-52轰炸机向近地轨道发射了一枚卫星拦截弹，旨在摧毁轨道上已经报废的"探索6号"卫星。不过此次卫星拦截弹从距卫星大约6000米的地方飞过，试验以失败告终。当年10月13日，美国又用B-47轰炸机再次试验，这次成功命中目标，取得了世界上第一次反卫星试验的成功。

可以重复使用的航天飞机

航天飞机是一种可以重复使用、往返于地面和高度在数百千米以下的近地轨道之间的兼有运载器和航天器双重功能的飞行器。

航天飞机集火箭、卫星和飞机的技术特点于一身，它能像火箭那样垂直发射进入空间轨道，又能像卫星那样在太空轨道

飞行，还能像飞机那样再入大气层滑翔着陆，随着科学技术的发展，航天飞机已成为发射火箭卫星上天的重要载体。

现在世界上航天飞机已经研制成功并投入运行的国家只有美国和苏联，苏联的航天飞机与美国的航天机基本上相似。美国航天器自1981年首次发射成功至今已成功完成了100多次空间飞行任务。

航天飞机是人类有史以来建造的最复杂的机器，强大的运载能力使其成为独一无二的航天器。正是在航天飞机强大运载能力支持下，人类才有可能一步步修建国际空间站，这个世界上最大的太空轨道实验室，为人类未来登陆月球、奔向火星乃至更广阔的宇宙空间铺平了道路。

航天飞机是世界上唯一的可重复使用的航天运载器。20世纪70—80年代，美国、苏联、法国和日本等国相继开始研制航天飞机，但由于技术和资金等原因，到现在只有美国研制的航天飞机投入使用。

航天飞机比火箭、卫星和飞船具有更多的优点和更多的用途，在军事上有着发射、维修、回收卫星，侦察与监视地面军事目标，指挥和控制地面军事力量，组装与维修空间军事设施，拦截与摧毁卫星、导弹等应用潜力。

航天飞机曾在空间捕获一颗未能进入同步轨道的国际通信卫星6号，进行修理后，又把它送入同步轨道。它还发射过并三次整修哈勃空间望远镜。

航天飞机通常可乘7人，飞行时间一般在2周以上，最长可达28天。航天飞机的可靠性非常高，自1986年1月"挑战者"

号发射失败后，一直到2002年4月为止已成功飞行过110次。

航天飞机由外部燃料箱、固体燃料助推火箭和轨道器三大部分组成。外部燃料箱是航天飞机三大模块中唯一不能重复使用的部分，外表为铁锈颜色，由前部液氧箱、后部液氢箱以及连接前后两箱的箱间段组成，主要负责为航天飞机的3台主发动机提供燃料，发射后约8.5分钟，燃料耗尽，外部燃料箱便被坠入到大洋中。

外燃料箱有三个主要部件，它们分别是氧燃料箱、氢燃料箱和燃料箱，氧燃料箱位于航天飞机的前部，氢燃料箱位于航天飞机的后部，而燃料箱位于航天飞机的中部；后者将两个推进燃料箱连在一起，仪表和燃料处理设备也在中间箱里，同时，它也为固体火箭助推器前端提供附着结构。

外燃料箱的表面由热保护系统覆盖。热保护系统是一层2.5厘米厚的聚氨酯泡沫涂料，作用是将推进剂维持在一个可接受的温度，保护燃料箱表面不会因为与大气摩擦产生的高温损坏，也将表面结冰的可能性降至最低。

氢燃料箱的体积是氧燃料箱的2.5倍，但完全灌满燃料后，其重量只有后者的三分之一，这是因为液态氧的密度是液态氢的16倍。

外燃料箱包括一个推进剂输出系统，将推进剂输送到轨道器的发动机里；一个加压与通风系统，负责调控燃料箱的压力；环境调节系统，负责调控温度，补充中间燃料箱区域的大气；还有一个电子系统，负责分配电力、仪表信号，提供闪电保护。

　　航天飞机的固体燃料助推火箭是一对固体火箭助推器。这对火箭助推器中装有助推燃料，平行安装在外部燃料箱的两侧，为航天飞机垂直起飞和飞出大气层进入轨道，提供额外推力。

　　在发射后的头两分钟内，与航天飞机的主发动机一同工作，到达一定高度后，与航天飞机分离，前锥段里降落伞系统启动，使其降落在大西洋上，可回收重复使用。

　　轨道器即航天飞机本身，它是整个系统的核心部分。轨道器是整个系统中唯一可以载人的、真正在地球轨道上飞行的部件，它很像一架大型的三角翼飞机。

　　轨道器全长37.24米，起落架放下时高17.27米；三角形后掠机翼的最大翼展23.97米；不带有效载荷时质量68吨，飞行

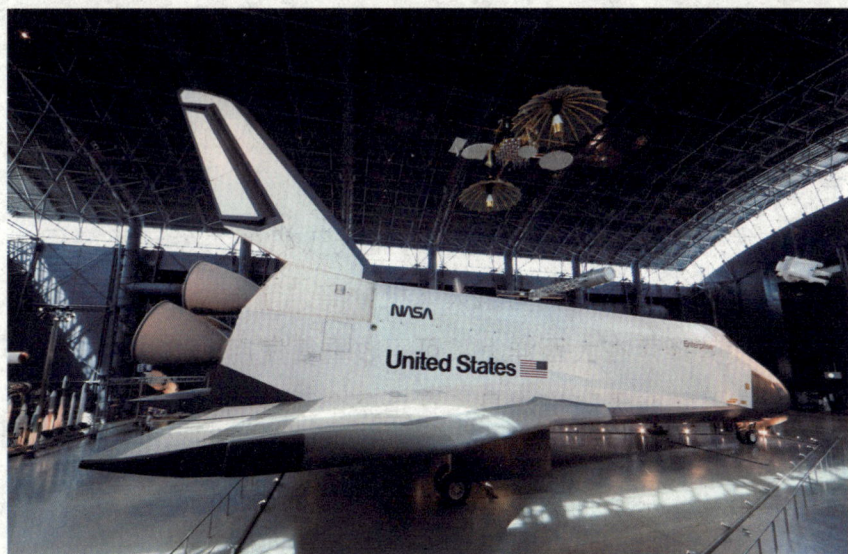

结束后，携带有效载荷着陆的轨道器质量可达87吨。

它所经历的飞行过程及其环境比现代飞机要恶劣得多，它既要有适于在大气层中作高超音速、超音速、亚音速和水平着陆的气动外形，又要有承受再入大气层时高温气动加热的防热系统。因此，它是整个航天飞机系统中，设计最困难，结构最复杂，遇到的问题最多的部分。

轨道器由前、中、尾三段机身组成。前段结构可分为头锥和乘员舱两部分，头锥处于航天飞机的最前端，具有良好的气动外形和防热系统，前段的核心部分是处于正常气压下的乘员舱。这个乘员舱又可分为三层：最上层是驾驶台，有4个座位，中层是生活舱，下层是仪器设备舱。

乘员舱为航天员提供宽敞的空间，航天员在舱内可穿普通地面服装工作和生活。一般情况下舱内可容纳4~7人，紧急情况下也可容纳10人。

　　航天飞机的中段主要是有效载荷舱。这是一个长18米，直径4.5米，容积300立方米的大型货舱，一次可携带质量达29吨多的有效载荷，舱内可以装载各种卫星、空间实验室、大型天文望远镜和各种深空探测器等。

　　为了在轨道上施放所携带的有效载荷或回收轨道上运行的有效载荷，舱内设有一或两个自动操作的遥控机械手和电视装置。机械手是一根很细的长杆，在地面上它几乎不能承受自身的重量，但是在失重条件下的宇宙空间，却可以迅速而灵活地卸载10吨多的有效载荷。

　　航天飞机中段机身除了提供货舱结构之外，也是前、后段机身的承载结构。航天飞机的后段比较复杂，主要装有三台主发动机，尾段还装有两台轨道机动发动机和反作用控制系统。在主发动机熄火后，轨道机动发动机为航天飞机提供进入轨道、进行变轨机动和对接机动飞行以及返回时脱离轨道所需要的推力。

　　反作用控制系统用来保持航天飞机的飞行稳定和姿态变换。除了动力装置系统之外，尾段还有升降副翼、襟翼、垂直尾翼、方向舵和减速板等气动控制部件。

　　航天飞机主发动机是航天飞机的重要部件，它与固体燃料火箭助推器连接在一起的三个主发动机在最初上升阶段为轨道飞行器提供推力，使之脱离地球引力。在发射后，主发动机继续运作8.5分钟左右，这段期间是航天飞机用动力推动飞行。

　　在航天飞机加速时，主发动机会燃烧掉50万加仑的液态推

进剂，这些推进剂由巨大的橙色外挂燃料箱提供，主发动机燃烧液氢和液氧，而液氢是世界上第二冷的液体，温度在零下252.8摄氏度。

当固体燃料火箭被抛开后，主发动机提供的推力将航天飞机的速度在6分钟里从每小时4828千米提高到每小时27358千米以上并进入飞行轨道。

发动机一开始排放的是氢和氧合成的水汽。主发动机在分阶段燃烧周期内使用高能推进剂产生推力，推进剂的一部分在双重预烧器里消耗掉，产生高压热气，推动涡轮泵。

燃烧是在主燃烧室完成的，主发动机燃烧室里的温度可达到摄氏3315.6度。每个航天飞机的主发动机使用的液氧和液氢

的比例是6：1，产生水平推力179097千克力，垂直推力213188千克力。

发动机产生的推力可在65%～109%的范围内调节，这样，点火发动和初始上升阶段可以有更大的推力，而在最后的上升阶段减少推力，将加速度限制在3G以下。在上升阶段，发动机的方向接头可提供倾斜、偏航和滚动控制。

航天飞机的飞行原理是通过两台巨大的集束式助推器和3台液体推进剂为动力源推动航天飞机起飞。在这些起飞动力装置中，中心部分是一个外形像一架三角翼滑翔机的轨道飞行器，它垂直发射，是航天飞机飞行时必不可少的配件，它在进入地球大气层后像普通飞机那样下滑着陆。

　　航天飞机在起飞时，利用外挂贮箱内的液氢推进剂作为主发动机的动力，贮箱随着推进剂的使用完毕而投弃，另外，航天飞机还依据轨道飞行器顺利飞行。

　　一般情况下，航天飞机的轨道飞行器可使用次数在100次以上，它有一个巨大的货仓，可以作为卫星及其他材料的存储点；大规模的太空作业时，还可将外挂贮箱带入轨道，作为航天站的核心部分。

　　飞行高度在1000千米以下是航天飞机近地轨道的飞行高度，向国际空间站运送宇航员和各种建设用部件和补养是当前航天飞机的主要任务，因为航天飞机的运载能力比较大，所以航天飞机往往采用多级组合形式，在需要高轨道运行有效载荷的时候，还可以由航天飞机将其送上近地轨道后再从这个轨道发射，使其进入高轨道，以完成最终任务。

拓 展 阅 读

　　世界上第一架航天飞机是美国于1981年研制成功的"哥伦比亚"号航天飞机。它第一次飞行的任务只是测试它的轨道飞行和着陆能力。航天飞机在太空飞行54小时，环绕地球36周之后安全着陆。

能自由出入太空的空天飞机

　　空天飞机是航空航天飞机的简称，属于第二代航天飞机，是既能航空又能航天的新型飞行器。它像普通飞机一样起飞，以高超音速在大气层内飞行，在30~100千米高空飞行速度为12~25倍音速，并直接加速进入地球轨道，成为航天飞行器。

从太空返回大气层后，又可以像飞机一样在机场着陆，是一种能自由往返天地之间的运输工具。

在此之前，航空和航天是两个不同的技术领域，由飞机和航天飞行器分别在大气层内、外活动，航空运输系统是重复使用的，航天运载系统一般是不能重复使用的。而空天飞机能够达到完全重复使用和大幅度降低航天运输费用的目的。

早在20世纪60年代初，就有人对空天飞机作过一些探索性试验，当时它被称为"跨大气层飞行器"。由于当时的技术、经济条件相差太远，且应用需求不明确，因而中途夭折。

20世纪80年代中期，在美国的"阿尔法"号永久性空间站计划的刺激下，一些国家对发展载人航天事业的热情普遍高涨，积极参加"阿尔法"号空间站的建造。

当时的人们认为，空间站建成后，为了开发和利用太空资

源。向空间站运送人员、物资和器材等任务每年将达到数千次之多。这些任务如果用一次性运载火箭、载人飞船或航天飞机来完成，那么一年的运输费用将达到上百亿美元。

为了寻求一种经济的天地往返运或系统，美、英、德、法、日等国纷纷推出了可重复使用的天地往返运输系统方案。

1986年，美国提出研制代号为X-30的完全重复使用的单级水平起降的"国家航空航天飞机"，其特点是采用组合式超音速燃烧冲压喷气发动机。英国提出了一种名叫"霍托尔"的单级水平起降空天飞机，其特点是采用一种全新的空气液化循环发动机。

20世纪90年代，他们又提出了一个技术风险小，开发费用低的新方案。德国则提出两级水平起降空天飞机"桑格尔"，第一级实际上相当于一架超音速运输机，第二级是以火箭发动机为动力的有翼飞行器。两级都能分别水平着陆。

发展空天飞机的主要目的是想降低空天之间的运输费用。其途径归纳起来主要有三条：一是充分利用大气层中的氧，以减少飞行器携带的氧化剂，从面减轻起飞重量；二是整个飞行器全部重复使用，除消耗推进剂外不抛弃任何部件；三是水平起飞，水平降落，简化起飞和降落所需的场地设施和操作程序，减少维修费用。

但是，经过几年的研究分析，科学家们发现，过去的估计过于乐观。实际上。上述三条途径知易而行难。需要解决的关键技术难度决非短时间内能突破。

因为，空天飞机的飞行范围为从大气层内到大气层外，速度从0到25倍音速，如此大的跨度和工作环境变化是目前现有的所有单一类型的发动机都不可能胜任的，从而也就使为空天飞机研制全新的发动机成为整个项目的关键。

众所周知，喷气式发动机需要在大气层中吸入空气，无需携带氧化剂，但无法在大气层外工作，且使用速度较小；而火箭发动机自带氧化剂，可以工作在大气层内外，使用速度范围较广，但携带的氧化剂较笨重，比冲小。

当时设想的空天飞机的动力一般为采用超音速燃烧冲压发动机+火箭发动机或涡轮喷气+冲压喷气+火箭发动机的组合动力方式。但超燃冲压发动机的研制上存在相当多的技术问题，而多种发动机的组合方式又使结构变得过于复杂和不可靠。

另外，航天飞机返回再入大气层的空气动力学问题，也曾经耗费了科学家们多年的心血，作了约10万小时的风洞试验。空天飞机的空气动力学问题比航天飞机复杂得多。因为飞机速度变化大，马赫数从0变化到25；飞行高度变化大，从地面到几百千米高的外层空间；返回再入大气层时下行时间长，航天飞机只有十几分钟，空天飞机则为1~2小时。

解决空气动力学问题的基本手段是风洞。当时，就连美国也不具备可以跨越这样大范围马赫数的试验风洞。即使有了风洞还需要做上百万小时的试验，那意味着就是昼夜不停地试验，也需要花费100多年的时间。于是，只能求助于计算机，用计算方法来解决，而对那维尔斯托克斯方程的求解尚存在许多理论上和计算速度上的问题。

还有发动机和机身一体化设计的问题。

空天飞机里安装了空气涡轮发动机、冲压发动机和火箭发动机三类发动机。空气涡轮喷气发动机可以使空天飞机水平起飞。当时速超过2400千米时，就使用冲压发动机，它使空天飞机在离地面60千米的大气层内以每小时近3万千米的速度飞行。如果再用火箭发动机加速，空天飞机就冲出大气层，像航天飞机一样，直接进入太空。

当空天飞机以6倍于音速以上的速度在大气层中飞行时，空气阻力将急剧上升，所以其外形必须高度流线化。亚音速飞机常采用的翼吊式发动机已不能使用，需要将发动机与机身合并，以构成高度流线化的整体外形。即让前机身容纳发动机吸入空气的进气道，让后机身容纳发动机排气的喷管。这就叫做"发动机与机身一体化"。

在一体化设计中，最复杂的是要使进气道与排气喷管的几何形状，能随飞行速度的变化而变化，以便调节进气量，使发动机在低速时能产生额定推力，而在高速时又可降低耗油量，还要保证进气道有足够的刚度和耐高温性能，以使它在返回再入大气层的过程中，能经受住高速气流和气动力热的作用，这样才不致发生明显变形，才可多次重复使用。

此外，空天飞机需要多次出入大气层，每次都会由于与空气的剧烈摩擦而产生大量气动加热，特别是以高超音速返回再入大气层时，气动加热会使其表面达到极高的温度。机头处温度约为1800℃，机翼和尾翼前缘温度约为1460℃，机身下表面约为980℃，上表面约为760℃。因此，必须有一个重量轻、性能好、能重复使用的防热系统。

空天飞机的结构材料要求很高。在飞行时，它头部和机翼前缘的表面温度可达2760℃。这样，像航天飞机上的防热瓦块式外衣，就不再适用了。科学家们研制了一种新型复合材料来代替，并且在一些特殊部位采用新型冷却装置，避免了高温的伤害。

空天飞机在起飞上升阶段要经受发动机的冲击力、振动、空气动力等的作用，在返回再入阶段要经受颤振、抖振、起落架摆振等的作用。在这种情况下，防热系统既要保持良好的气动外形，又要能长期重复使用，维护方便，所以其技术难度是相当大的。

以前的航天飞机，由于受气动加热的时间短，表面覆盖氧化硅防热瓦即可达到满意的防热效果，但对于空天飞机则远远不够。如果单靠增加防热层厚度来解决问题，则将使重量大大增加，而且防热层还不能被烧坏，否则会影响重复使用。

一个较简单的解决办法是在机头、机翼前缘等局部高温区，使用传热效率特别高的吸热管来吸热，以便把热量转移到温度较低的部位。更好的办法是采用主动式冷却防热系统，也就是把机体结构与防热系统一体化，即把机体结构设计成夹层式或管道式，让推进剂在夹层内或管道内流动，使它吸走空气对结构外表面摩擦所生成的热量。

为了满足空天飞机的防热要求，当时正在研究用快速固化粉末冶金工艺制造纯度很高、质量很轻的耐高温合金。美国已研制出高速固化钛硼合金，它在高温下的强度可达到当时使用的钛合金在室温下的强度，这种合金适宜用来制造机身内层结

构骨架。

　　机头与机翼等温度最高的部位，要求采用碳复合材料，这种复合材料表面有碳化硅涂层，重量轻，耐高温性能好。此外，还需要研究金属基复合材料，例如碳化硅纤维增强的钛复合材料等。这种材料应该兼有碳化硅的耐高温性能，又具有钛合金的高强度特性。

　　空天飞机技术难度大，所需投资多，研制周期长，所以将来进入全尺寸样机研制，势必也会像空间站那样采取国际合作的方式。

　　航天飞机普通化与普通飞机航天化的空天飞机研制，其实是航空航天技术、卫星技术发展和航空航天军事竞争的结果，同时也有航天市场需求的牵引作用。

　　航空航天技术的发展推动空天技术融合。过去，当航天工业中使用的钛合金应用到飞机上时，飞机的强度，以及抗摩擦、抗高温、抗过载负荷等性能大增，从而使飞机飞行高度、速度、灵活性和飞行距离都大为提高。

　　1996年7月，美国国家航空和航天局和洛马公司签订了一项协议，由洛马公司研制一种可重复使用的运载器技术验证飞行器，并进行飞行试验，以为研制和经营可完全重复使用的实用型运载器进行技术上的准备。

　　该验证机代号为X-33，而最终要研制的实用型飞行器被称为"冒险星"。但由于技术难度太大，这个研制任务未能如期完成。同年，美国国家航空和航天局提出了新计划。

　　这个计划被拆成两个子计划，其中规模较小的"探险者"，就是X-37计划。这是因为X-33计划在1994年一度被冻结，影响到好几个关键技术的研究进度。

　　为了让几个致力于太空运输方面的研究机构可以继续把他们的实验结果送上太空做高超音速的飞行验证，从1998年底直到1999年7月，波音与宇航局签署了4年合作协议，建造一系列验证机中的第一架。

　　依照计划，X-37将成为第一架同时具备在地球卫星轨道上飞行和具备再入大气层能力的飞行器，而机上的自动操作系统将在宇航局所致力的"降低进入太空的负载成本"上扮演关键性的角色。

　　在原计划中，X-37可以由航天飞机携带进入太空，但是在有报告指出使用航天飞机携带X-37进入太空不合乎经济效益后，就改由"三角洲4"或是类似的火箭负责这个任务了。在太空中，X-37可以经由本身配备的火箭引擎推动，得到25倍音速的飞行速度，直到重入大气层前，X-37有21天的时间在太空中进行相关的实验，然后重返地球，降落在传统的跑道上。

2010年4月22日，人类首架空天飞机X-37B搭乘"阿特拉斯-5"型运载火箭发射升空。该机由火箭发射进入太空，是第一架既能在地球卫星轨道上飞行、又能进入大气层的航空器，同时结束任务后还能自动返回地面。其最高速度能达到音速的25倍以上。

X-37B共进行了三个架次的飞行，第一架X-37B从美国佛罗里达州卡纳维拉尔角空军基地发射升空，同年12月降落加州范登堡。

2011年3月5日，第二架X-37B升空，发射工位仍然位于卡纳维拉尔角，在轨运行时间469天，2012年6月返回，降落地点为加州范登堡；第三架X-37B在2012年12月升空，已经完成了轨道任务。

空天飞机能自由往返于天地之间，凡是航天飞机能干的事，它几乎都能胜任。它可以把大的卫星送入地球轨道，一次投放多颗卫星更是它的拿手活儿；它能对在轨道上运行的卫星进行维修或回收，当然也可以对敌国的卫星实施破坏，甚至收为己有；它能向空间站运送或接回宇航员和各种物资；更重要的是它还能执行各种诸如拦截、侦察和轰炸等军事任务，成为颇具威力的空天兵器。

尽管航天飞机比起一次使用的运载火箭前进了一大步，但仍有诸如故障频繁、费用昂贵等许多不足。而空天飞机与航天飞机不同，它的地面设施简单，维护使用方便，操作费用低，在普通的大型机场上就能水平起飞和降落，具有一般航线班机的飞行频率。

这种飞机的外形与大型客机相似，更多地具有飞机的优点。它以液氢为燃料，在大气层飞行时，充分利用大气中的氧气。加之它可以上百次的重复使用，真正实现了高效能和低费用的优点。据估算，用它发射近地卫星费用只有航天飞机的1/5，而发射地球同步卫星费用则可减少一半。这使空天飞机在即将到来的空间商务竞争中立于不败之地。

拓 展 阅 读

事实上，空天飞机在动力、武器系统、具体作战领域等方面仍处于基础技术的研究和摸索阶段。包括美国的"猎鹰"计划、X-37B、X-43，都还在进行技术验证和工程机理研究，距离实战应用还有一段曲折的道路要走。

美国天基激光武器

天基激光武器，也叫天基激光平台，或称为激光作战卫星，是以激光武器为有效载荷的"杀手"卫星。天基激光武器的优点是覆盖面大，范围广，而且轨道越高，覆盖面就越大。

在地球静止轨道布置激光卫星，可以覆盖42%的地球表面；若想用近地轨道的激光卫星来实现全球覆盖，则需要一定

数量的卫星。近地轨道布置卫星的好处是：离目标近，有利于提高激光武器的杀伤能力。

美国天基激光武器发展计划，简称IFX计划，是美国防部科研局与美国空军共同勾画的21世纪用激光武器进行太空作战的称霸蓝图。该计划于20世纪70年代启动。

1983年，美国开始实施"战略防御倡议"（SDI）计划，

天基激光武器技术的研究也被纳入其中，由战略防御计划局负责实施。冷战时期，SDI计划旨在对付苏联的洲际弹道导弹，要求将敌方导弹扼杀在多弹头分离之前的助推段。

当时的SDI设想，苏联会同时发射2000枚洲际弹道导弹，天基武器系统应有每秒钟击落40枚导弹的能力。为此，需在轨道上部署几十颗激光作战卫星，每颗卫星上的激光武器需由发射功率为30兆瓦的激光器和直径10米的主反射镜组成。

苏联解体以后，美国作战战略发生变化。天基激光武器系统的主要任务由防御洲际弹道导弹转为防御战区弹道导弹。攻击目标不再是从苏联本土起飞的大批远程导弹，而是可能从世界上任何地点发射的近程弹道导弹。

作战战略的变化放宽了对天基激光器的要求。美国弹道导弹防御局就天基激光武器系统进行了多方案比较，提出的最优方案是：在高度为1300千米、倾角为40度、不同升交点赤经的圆轨道上，部署24颗激光作战卫星构成全球星座。

每颗激光作战卫星能摧毁以其为中心、半径为4000千米范围内的导弹。根据目标距离不同，它可在2~5秒内摧毁飞行中的导弹。如果新目标与原射向之间的角度不太大的话，激光作战卫星能在0.5秒内调整到新的方向，瞄准另一枚导弹。

激光作战卫星由激光武器和平台服务系统组成。激光器采用氟化氢激光器，工作波长2.7微米，发射功率预计为8兆瓦。光学系统的主反射镜直径8米，镜表面有超反射涂层，不需要主动冷却，即能保证激光器在巨大热负荷下正常工作。

捕获跟踪与指向系统由监视装置和稳定平台组成，能在激光器机械泵产生强烈振动的情况下，保证光束对准目标。平台服务系统包括电源、反应物、数据处理和测控等分系统。

在20世纪80年代末和90年代初，激光作战卫星各分系统的关键技术均已得到演示验证。"阿尔法"激光器由TRW公司于1980年开始研制，1989年进行首次出光试验，到1994年8月，已出光10次以上，并在兆瓦级功率水平获得高质量输出光束。通过改进激光器的结构设计，增加模块化腔环的办法，减轻了激光器的质量，可将输出功率提高到实战水平。

研究表明，通过改进激光器的喷管设计，还可进一步减轻质量。在光学系统方面，1989年制造了直径4米的多面组合反射镜，1993年攻克了制造11米直径反射镜的关键技术，为大型光学系统的工程实现奠定了基础。

由于捕获跟踪与指向系统采用了大型先进反射镜计划和大型光学演示实验计划开发的新技术，已制成4米直径、主动控制的多面组合反射镜，可按比例直接放大到实战用的8米直径反射镜。

1997年，TRW公司完成了"阿尔法"激光器与大型先进反射镜的地基综合试验，成功地进行了3次百万瓦级高功率激光器与光束控制系统及瞄准子系统的地面集成综合试验，演示验证了天基激光系统的可行性和生存能力，为天基激光演示器的研制提供了设计数据。

这些地面综合试验为天基激光武器演示样机的发展提供了宝贵的设计数据，系统集成问题基本解决，立即进入武器系统的方案论证阶段。

　　1999年2月，弹道导弹防御局开始执行天基激光演示器在轨演示试验计划。2005年后完成演示器，进一步开发8米直径反射镜，逐步实现20颗卫星的星载部署。整个天基激光武器到2013年完成。

　　美国科研局设计的太空激光武器的激光介质能连续发光200~500秒；激光波长为2.7微米；激光功率为5~10兆瓦；轨道高度为800~1000千米；倾斜角为40度；一颗卫星的覆盖面积为地球表面积的1/10；航程为4000~12000千米；发光直径为0.3~1米；最大射程为3000千米；一次射击时间为10秒；平均瞄准时间为1秒；质量为3.5万千克；整个系统由20颗卫星和10个轨道镜组成。

　　太空激光武器虽然威力无比，但也还存在许多尚未解决的难题，比如，怎样把大型的激光装置送入轨道，因为发光装置主镜的直径过大，发射时不可能把直径四五米、甚至十多米的主镜原样放进发射装置。

解决的办法是研制能在运载火箭的货舱内放得下的折叠式主镜，并且在太空激光武器进入预定轨道后能自动打开。

还有一个问题就是，怎样向轨道上的太空激光武器补充化学介质。在将来的激光武器中使用的都是化学激光，没有介质就不能发生化学反应，也就不能产生激光。

美国科研局和美国空军认为，在太空激光武器的下一阶段，他们的主要任务是集中精力攻克上述难题。

拓 展 阅 读

美国自研制成功天基激光武器后，又开始发展反卫星激光武器。美国正在研制中的有自由电子激光器和中红外先进化学激光器。反卫星激光武器主要由高能激光器，发射光学系统，截获、跟踪和瞄准系统三部分组成；可装在空间平台上，利用激光射束拦截弹道导弹和反卫星。

美国 "长曲棍球" 侦察卫星

"长曲棍球"侦察卫星是美国微波合成孔径雷达成像侦察卫星，具有全天候、全天时侦察能力。该卫星是美国1988年12月2日开始发射的。当今只有美国拥有这种侦察卫星。

"长曲棍球"侦察卫星的主体呈八棱体，长8米，直径约4米，一对太阳能电池帆板在轨道上展开后跨度为45.1米，可提供10千瓦以上的电力，这在当今卫星中是最大的，因为这种卫

星要向地面发射微波能量，所以需要大量的能量。

卫星重15吨，设计寿命8年，运行在倾角57~68度、高670~703千米的轨道上。其上的合成孔径雷达天线呈矩形，长14.4米，宽3.6米，由3个平面天线阵组成，每个天线阵含4个长度相等的子阵。

雷达的几何分辨率为0.3~3米，所获图像数据通过大型抛物面跟踪天线经"跟踪与数据中继卫星"传至白沙地面站，再经过国内通信卫星传到贝尔沃堡。

合成孔径雷达是该星的"千里眼"。那么，合成孔径雷达是如何工作的呢？它指将雷达边沿其飞行轨迹移动，边接收到的信号组合起来，以合成一副等效的特长天线所采用的一门技术，被用来产生细节清晰可辨的雷达图像。

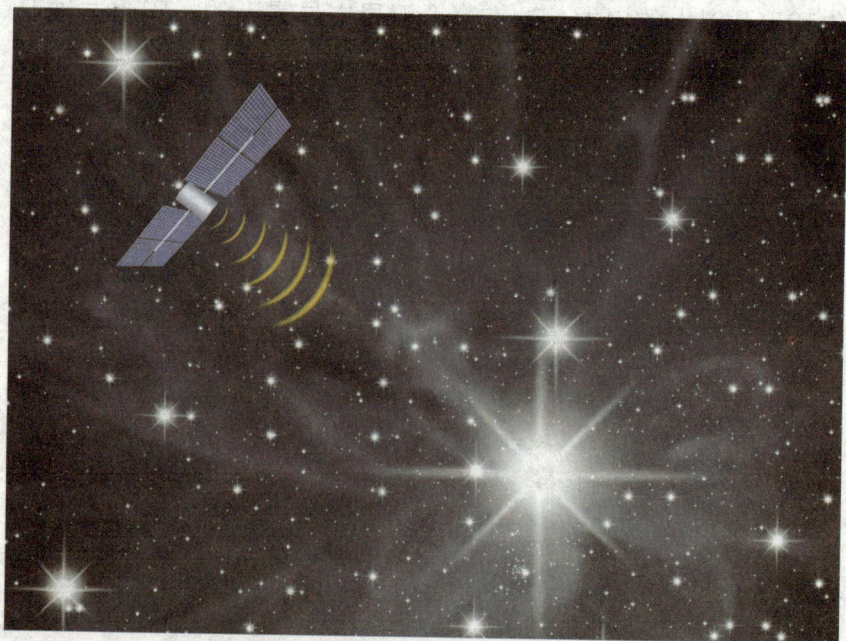

由于它是靠自身提供雷达脉冲，因此不论白天还是黑夜，也不论是否有阳光照射，它都可以随时对目标成像。而且，由于雷达的波长要比可见光或红外光的波长长得多，所以合成孔径雷达还能够透过云雾和烟尘"看到"地面目标，这一点是可见光和红外遥感仪器无法做到的。

由于天基成像雷达可以透视云层，而且利用合成孔径雷达技术有可能以接近于光学照相侦察卫星水平的分辨率提供图像，因此，美国早就想利用装有这种雷达的侦察卫星来监视"华约"装甲部队的活动和核查军备控制条约的遵守情况。

1976年末，时任中央情报局长的乔治·布什批准对这种卫星系统开展研究和研制工作，从而启动了美国合成孔径雷达成像侦察卫星研制计划的实施。

其实，首颗"长曲棍球"卫星早在1987年10月就造好了，但由于"挑战者"航天飞机机毁人亡事故的影响，因此"长曲棍球-1"卫星直到1988年12月才由航天飞机发射升空。

迄今为止，这种卫星已发射了4颗，其中后2颗是在前2颗基础上的改进型，它们带有相控阵馈电系统，采用抛物面雷达天线，成像质量有所改善，现正在轨服役。

"长曲棍球"卫星单颗价值高达10亿美元。这种卫星在设计上的显著特点是装有巨大的雷达天线和巨大的太阳能电池帆板。一对太阳能帆板对称地垂直于星体两侧，比以往飞行过的任何天基雷达所能得到的最大电能高10倍之多。

星载合成孔径雷达能以标准、宽扫、精扫和试验等多种波束模式对地面轨迹两侧的目标成像。这些不同的波束模式各有各的独特用途，如有的模式用来以高分辨率对几十千米方圆的小面积区域成像，有的模式则用来以较低分辨率对几百千米方圆的大面积区域成像。

头两颗卫星在以标准模式成像时分辨率为3米，以精扫模式成像时分辨率为1米。这虽与"锁眼-12"卫星上的光学成像相机可达到的0.1米分辨率相距甚远，但对于识别和跟踪体积较大的军事装备，如坦克车和导弹运输车来说肯定足够了。后两颗改进型卫星的精扫模式分辨率被提高到了0.3米，与"锁眼-12"卫星的能力已相差无几。

"长曲棍球"卫星的巨大数据量，不仅要求数据传输速率达到每秒数百兆字节，还要求以强大的计算能力进行数据处理。2颗"长曲棍球"卫星配对工作可以反复侦察地面目标。

它们不仅适于跟踪舰船和装甲车辆的活动，监视机动或弹道导弹的动向，还能发现伪装的武器和识别假目标，甚至能穿透干燥的地表，发现藏在地下数米深处的设施。

另外，"长曲棍球"还载有用于目标识别的光学遥感器，以供"锁眼-12"详细成像之用和核查机动式洲际弹道导弹条约的遵守情况。

在1991年的海湾战争中和波黑战争中，"长曲棍球"卫星用于跟踪伊拉克装甲部队行踪和监视塞族坦克。它还多次用来评估美国巡航导弹对伊拉克和南联盟的攻击效果。1996年9月曾用来侦察评估美国巡航导弹对伊拉克的攻击效果。其在海湾战争中跟踪伊拉克装甲部队行踪和在波黑战争中监视塞族装甲部队行动中，都发挥了很好的作用。

到目前为止，美国只发射了3颗"长曲棍球"雷达成像卫星。前面两颗为初始型号，其中首颗是1988年12月2日由"阿特兰蒂斯"号航天飞机在执行STS-27任务期间施放的，它也是美国的第一颗军用主动式雷达卫星。

第二颗是1991年3月由"大力神-4"运载火箭发射的，轨道高度为683千米，倾角68度。"长曲棍球"卫星可全天候昼夜监视装甲部队的活动情况，其分辨率可达到1米级。

出于对"长曲棍球"卫星全天候工作能力的偏爱，以及只剩下一颗"长曲棍球"卫星在轨运行，需要补充一颗星与之配对工作，因此，改进型"长曲棍球"雷达成像卫星应运而生。

新的改进型"长曲棍球"雷达成像卫星重15吨，已于1997

年10月23日由"大力神-4"运载火箭射入684千米高的圆形轨道，轨道倾角68度。卫星上装有大型成像雷达，采用直径为9~14米的抛物面天线，相控阵体制。

雷达成像照相侦察卫星则可以弥补光学成像照相侦察卫星不能全天候、全天时进行侦察的不足，并有一定的穿透能力，从而能识别伪装，发现地下军事设施。其幅宽也比较大，因此时间分辨率较高，这对全面观测战区和侦察全球性军事动态有重要意义。

拓展阅读

在伊拉克战争中，由于伊拉克沙尘暴多，而且为了迷惑美军视线，伊拉克点燃了不少油井，产生了很多烟雾，这使美国的"锁眼-12"侦察卫星的侦察受到极大影响，但"长曲棍球"雷达照相侦察卫星却大放光彩，可以清晰地"看到"烟雾下面的军事设施。这对美军战胜伊拉克起到了很大作用。

美国"锁眼"照相侦察卫星

　　美军的"锁眼"系列，即KH-11、KH-12型照相侦察卫星，是美国最新型的数字成像无线电传输卫星，它不用胶卷而是用电荷耦合器件摄像机拍摄地物场景图像，然后把图像传送给地面。地面收看的效果犹如看电视片。它的地面分辨率为1.5~3米，是它最早发现伊拉克军队向科威特推进的行动。

　　KH-12型照相侦察卫星是美军最先进的卫星，它的地面分辨率高达0.1米，足可以清点沙漠中伊军的坦克、帐篷和人员。这种卫星具有一种"斜视"功能，即当卫星不能直接飞越海湾地区上空时，也能通过改变其光学系统的指向来摄取旁边地域的图像。

　　"锁眼"系列照相侦察卫星是美国20世纪60年代开始使用的侦察卫星，主要有KH-1、4、5、6、7、8、9、11、12等9种型号。

　　KH-1型是第一代普查型照相侦察卫星，主要试验照相机的功能和底片盒的回收技术。于1960年10月开始发射，工作寿命3~28天，地面分辨率3~6米。

　　KH-4型属第一代详查型照相侦察卫星，1962—1972年约发

射95颗。其改进型号为KH-4A、KH-4B，可携带两个胶卷回收舱。工作寿命3~5天，地面分辨率2-3米。

KH-5型属第二代普查型照相侦察卫星，主要用于对地面目标进行较准确的定位。于1963年2月开始发射，工作寿命20~28天，地面分辨率小于3.6米。

KH-6型属第二代详查型照相侦察卫星。1963年5—7月共发射3颗，仅最后一颗入轨并回收了底片。但因镜头聚焦不好图像质量很差。该卫星很快被KH-7取代。工作寿命4~10天，地面分辨率0.6米。

KH-7型属第三代普查型照相侦察卫星。1963—1967年共发射38颗，有36颗成功。工作寿命一般为5天。携带两个胶卷回收舱。图像的地面分辨率为0.5米。主要侦察目标是苏联SS-7、SS-8洲际弹道导弹。

　　KH-8型属第三代详查型照相侦察卫星。1966—1984年共发射53颗。卫星重约3吨，工作寿命20~166天，采用太阳同步轨道，近地点平均为135千米，图像的地面分辨率为0.15米。携带两个胶卷回收舱，再入后由C-130飞机从空中回收。

　　KH-9型属第四代普查兼详查型照相侦察卫星，于1971年6月开始发射，工作寿命5~220天，地面分辨率小于0.3米。

　　KH-11型属第五代普查型照相侦察卫星。1976—1988年共发射成功8颗。前几颗重约10.3吨，后来增至13.5吨，长19.5米，直径2米。采用极轨道，近地点平均240千米，远地点平均530千米。

　　KH-11型工作寿命2.5~3年。星上装有高分辨率摄像机、硅光二极管阵列光学系统等，实现实时数字化图像传输。星上还装有红外照相机和多光谱扫描器。图像的地面分辨率为

1.5~3米。

KH-12型照相侦察卫星，1989年8月发射，是美军主要使用的侦察卫星，图像的地面分辨率为0.1米。

1961年，美国第一代照相侦察卫星开始工作，发现了苏联方面所宣称的所谓的美、苏导弹差距并不存在，赢得了外交主动权。

1962年，照相侦察卫星发现苏联在古巴建造导弹发射场，引发了古巴导弹危机。

1973年，第四次中东战争中，美利用第四代"大鸟"照相侦察卫星，发现了埃及第二、三军团之间的空隙，使以军得以偷渡苏伊士运河成功。

　　海湾战争中，美军照相侦察卫星获得大量情况，为美军进行连续空袭和战役布势提供了依据。

　　科索沃战争中，美军KH-11照相侦察卫星为美军空袭作战提供了准确的目标情报。

　　美国照相侦察卫星中被称为"锁眼"系列的KH-11、KH-12是当今世界比较先进的照相侦察卫星。然而，"锁眼"系列自身也有无法遮掩的"软肋"。

　　一是视野狭窄。"锁眼"卫星每天飞行至某一特定地区上空只能1~2次，只要根据卫星运行周期计算出过顶时间，在卫星过顶前的十几分钟，将目标隐藏起来，那么，"锁眼"再先进，也只能是"目中无物"。

二是识真辨假能力有限。KH-12侦察卫星尽管地面分辨率达到了0.1米，但这只能说明地面上的目标在屏幕上显示的图像是一个点而已。若想真正辨清目标的外形特征、大小尺寸，还必须再清晰一些。

另外，照相侦察卫星是利用目标反射的可见光进行工作的，也就是说卫星与目标之间保持良好的可见光传输道，卫星才能发挥高分辨率的优势。否则，若目标光照条件发生变化或受目标与背景的对比度等影响，如目标上空出现烟、雾、雨、雪及尘埃等，其实际的地面分辨率就会大打折扣。

三是易被反卫星武器攻击。"锁眼"系列卫星近地点265千米，远地点650千米，重13.5~18吨，这就决定了"锁眼"存在身躯庞大、近地点过低、按一定轨道作机械运动等弱点，一旦被反卫星导弹或陆基反卫星武器瞄上，就在劫难逃。

拓 展 阅 读

尽管美国的KH-12型照相侦察卫星有许多优点，但它也存在所有光学成像照相侦察卫星所共有的一个缺点，就是无法透视云层和烟雾。在冷战时期，由于苏联的大部分领土和其他一些令美国感兴趣的地区经常被云层所覆盖，所以美国只好研制了新型的"长曲棍球"侦察卫星替代"锁眼"卫星。

英国"天网"系列军用通信卫星

　　英国是世界上少数几个拥有自己的专用军事卫星通信网的国家之一。它的"天网"卫星通信系统在1990—1991年的海湾战争、20世纪90年代中期的波黑危机、1997年英国撤出香港的通信高峰期和1999年北约空袭南联盟行动中，充分发挥了专用军事卫星通信的优势和作用，显得物有所值。

　　"天网"系列卫星计划开始于20世纪60年代中期，现已发展了几代。"天网-1"包括"天网-1A"和"天网-1B"两颗卫星，分别于1969和1970年发射。

　　其中"天网-1A"因转发器故障仅用了不到一年，而"天网-1B"则由于远地点发动机故障而没有进入预定轨道。"天网-2"也包括两颗卫星，均在1974年发射。其中"天网-2A"发射失败，而"天网-2B"则一切正常，发射20年后仍在服役，

　　后来，由于从中东和远东地区撤军，英国感觉已没有必要维持昂贵的军用通信卫星和众多地面站，于是在1975年取消了"天网-3"计划，改为租用美国和北约的卫星。

　　然而，随着世界军事、政治的风云变幻，英国对拥有独立军用卫星通信能力的需求后来又显著增加。1982年的英阿马岛

冲突更加强化了这种需求，从而促使英国重下决心维持自己独立的军事卫星通信系统，提出实施"天网-4"计划。

"天网-4"系统分为两代。第一代"天网-4"系统包括3颗卫星，即"天网-4 A""天网-4B"和"天网-4C"，这些卫星带有4台超高频和2台特高频转发器，装备了特高频和超高频天线，可支持潜艇等移动用户通信，具有抗核电磁脉冲能力和抗干扰功能。

"天网-4A"首先于1988年发射入轨。1990年，由于海湾地区局势紧张，"天网-4B"和"天网-4C"也匆忙入轨服役。从而完成了第一代"天网-4"军事卫星通信系统组建。

第二代"天网-4"系统中的卫星是从1998年开始陆续发射的。它也包括3颗卫星，即"天网-4 D""天网-4E"和"天网-4F"。由马特拉公司设计制造，合同总金额约6.9亿美元。

卫星仍采用三轴稳定方式，经过抗核电磁脉冲加固，并具有抗干扰功能。

　　然而，令人不可思议的是，英国国防部坚持在该卫星系列上使用与第一代"天网-4"相同的结构和平台。这种平台是20世纪70年代初"欧洲通信卫星"所用的平台，而欧美大部分卫星制造公司当时已不再生产和使用同类平台，都在转向使用更加先进和寿命更长的平台。

　　欧洲通信卫星平台限制了第二代"天网-4"卫星的设计寿命，使其寿命只有7年左右，而当代通信卫星的寿命已可达14年。虽然如此，第二代"天网-4"上的通信设备都比较先进，增加了超高频可旋转大功率点波束天线，通信容量显著增大。

　　星上除像第一代"天网-4"一样带有4台超高频和2台特高频转发器外，还增加了2台S波段转发器。每台超高频转发器的发射功率提高到了50瓦。覆盖全欧洲的宽波束天线也可旋转。

　　此外，卫星还具有可调谐的特高频天线。该系统支持潜艇、水面舰艇、机载和个人移动通信，可使用直径不到1米的小型接收天线，而这对常规作战是非常有用的。

　　2001年2月8日发射的"天网-4F"是"天网-4"系列的最后一颗卫星。该卫星重1.5吨，设计寿命8年。它除载有4台超高频、2台特高频和2台S波段转发器外，还载有英国国防评估与研究局的一台试验传感器，用来测试外界核辐射。

　　军用通信卫星按频率一般可分为特高频、超高频和极高频三种。特高频卫星成本低，但易受干扰；超高频卫星比特高频卫星抗干扰能力强；极高频卫星抗干扰能力最强，可提供的频带也宽，易于实现星上处理。

2003年10月，英国国防部与欧洲宇航防务公司阿斯特里姆服务公司下属的示范安全通信公司签署了"天网-5"卫星合同。合同包括设计和制造"天网-5A"和"天网-5B"卫星以及提供所有发射服务和相关地面段，最终目标是在今后15年内为国防部提供安全保密的军事通信服务。

"天网-5"采用"欧星-3000"平台制造，能代表军事卫星通信的前沿技术。将最终取代"天网-4"。"天网-5"每颗卫星的发射重量是"天网-4"的3倍，有效载荷功率5千瓦，是最后一颗"天网-4"系列卫星的2倍多。

"欧星-3000"平台是商业卫星的成功典范，迄今已有10多颗卫星使用该平台。其中除"天网-5"外均为民用卫星。这种平台可携带70台以上的转发器。它是从1995年开始研制的，尺寸和性能处于领先地位，且具有非常灵活的服务模式，能满足卫星设计和尺寸上的不断变化。

平台上的通信模块可被设计在1块、2块或3块模板上，卫星高度也相应地在4—7米之间变化。根据卫星任务的不同，其有效载荷可以有很大不同，尤其是天线数量、配置及尺寸的相应变化决定了"欧星-3000"系列中每颗卫星的特点。

2005年底，英国国防部又和示范安全通信公司签订了"天网-5"通信卫星计划的补充协议：研制"天网-5C"作为备份星，并生产作为储备的第四颗"天网-5"卫星的部件。按补充协议，合同的终止日期将从2018年延长到2020年，从而使该项目能创造更大的价值。该补充协议可提供近300个高技术岗位。

在3颗"天网-5"卫星入轨后，如其中有一颗出现故障，将发射第四颗卫星。补充协议维持原合同中国防部的计划要求和关键时间节点不变，如系统要在2008年3月进入全面运行。

虽然英国国防部将"天网-5C"作为在轨备份，但这颗卫星可提高系统性能，使示范安全通信公司能吸引更多的客户。该公司可利用剩余资源为客户提供特殊的政府和军事通信服务，以此来赢利。后来，示范安全通信公司已和加拿大、法国、北约和葡萄牙等签署了合作协议。

2007年3月11日，英国首颗第五代军用通信卫星"天网-5A"从法属圭亚那库鲁发射基地由"阿里安-5ECA"火箭发射上天，该星发射质量约4.7吨，是英国3颗新一代安全军用通信卫星中的第一颗。

英国军方计划在2008年前分别向地球同步轨道发射"天

网-5B"和"天网-5C"卫星。这3颗卫星可以使英国陆海空三军指挥系统的通信容量和速度大大提高。

"天网-5"卫星的通信容量是现役"天网-4"卫星的5倍,装有4部可控天线,可将带宽资源集中于最需要的位置,同时还有超强的抗干扰、抗窃听能力,将在全球范围内为英军和"友军"提供高速、安全而可靠的通信手段。

星上的先进接收天线允许卫星有选择地收听信号,并过滤掉"干扰"信号。超高频通信转发器具有很强的抗毁和抗干扰能力,可提供覆盖从美国东海岸到澳大利亚西海岸的数据通信、视频会议以及其他通信服务。

"天网-5"A在容量和性能方面有明显改进,带有展宽34米的太阳能电池阵。卫星拟定点于西经1度的静止轨道。这是英国一个开拓性的军事卫星系统,能使其军事通信能力得到空前提高。

拓展阅读

2008年6月13日,英国国防部第五代"天网"军用通信卫星系统的最后一颗卫星,即"天网-5C"从法属圭亚那库鲁航天发射基地,由"阿里安-5"运载火箭顺利发射升空,这标志着"天网-5"卫星系统完成组网。

苏联"天顶"系列照相侦察卫星

"天顶"卫星是苏联最早的返回式军事侦察卫星，包括4种主要型号，即"天顶-2""天顶-4""天顶-6"和"天顶-8"，共发射684颗，成功660颗。该系列照相侦察卫星是胶片回收型照相侦察卫星，其外观和苏联第一代载人飞船"东方"号很相似，但由于任务不同，"天顶"系列的大部分系统是从头开始研制的。

1962年4月26日，苏联成功发射了首颗照相侦察卫星"天顶-1"，拉开了苏联军事航天的序幕。为了保密，其对外名称叫"宇宙-4"，苏联及后来的俄罗斯所研制的许多军用卫星都混编在"宇宙"系列卫星中，以迷惑外界的视线。

首颗"天顶-1"卫星质量约4.75吨，运行在高298~330千米、倾角65度的近地轨道，工作寿命仅3天。后来又陆续发射了多颗"天顶-1"卫星，其中最后一颗于1967年4月4日发射，其质量和运行轨道与首颗"天顶-1"卫星相似，但工作寿命延长到8天。

苏联第二代照相侦察卫星，"天顶-2"是从1961年11月进行首次飞行试验的，但是没有成功。1962年7月，第二颗"天顶-2"卫

星虽然成功返回并获得了图像，但是也没有完全成功。

苏联在先后发射了13颗"天顶-2"试验卫星后，1963年10月发射的第十三颗"天顶-2"才获得完全成功。其运行在高192~381千米、倾角65度的近地轨道，工作寿命为6天。最后一颗"天顶-2"运行在高191~304千米、倾角82度的近地轨道，工作寿命8天。

该系列卫星发射数量多，在冷战中发挥了重要作用。"天顶-2"由球形回收舱和服务舱两部分组成，长约5米，其中返回舱中装有3台1000毫米焦距的相机和1台200毫米焦距的相机。此外，该卫星上还装有用于电子侦察的设备。

"天顶-3"是苏联第三代照相侦察卫星，1968年3月21日首次发射，对外名称叫"宇宙"208号，质量约5.9吨，运行在高208~274千米、倾角65度的近地轨道，工作寿命7天。这一代卫星使用的时间较长，发射的数量也较多，为苏联情报侦察做出的贡献也较大。

其中，1977年7月20日发射的"宇宙"932号获取了重要信息，发现了南非将在大气层内进行核爆炸试验的证据，并将其公之于众，在国际上掀起轩然大波。结果，来自国际社会的巨大压力最终迫使南非放弃此次核试验。

最后一颗"天顶-3"卫星于1994年6月7日上天，其工作寿命延长到12天，并具备稳定的机动变轨能力，无论是高分辨率还是低分辨率相机均能在同一时刻重访特定区域。

"天顶-4"卫星是"天顶-2"卫星的改进型，二者尺寸相同，但是"天顶-4"重量更大。它采用的相机比"天顶-2"相机大得多，焦距为3000毫米，地面分辨率至少为1米。但是"天顶-4"卫星没有电子侦察功能。

为了免受太空真空环境的影响，苏联照相侦察卫星最敏感的系统一般都屏蔽起来，所以卫星大而重。而且由于星上相机工作在返回舱内的人造环境中，因此要严格控制温度变化，以免影响成像质量。

卫星在轨道上移动会产生图像位移问题，苏联人采用通过胶片本身的缓慢移动方式来确保像移补偿。为了完成恒温控制和星载设备调节，星上还装有一种能够将信息加密的新型多信道遥测和无线电指令系统。"天顶"卫星与地面控制中心之间的无线电信息交换量比载人飞行任务多10倍以上。

"天顶-2"的回收舱可配置几种不同的相机，还装有1台名为"贝加尔"的专用照相电视系统。后者是一种胶卷读出装置，可对照相图像进行扫描，并用电子方式将扫描结果传输给地面控制中心，但其性能不能令人满意。因此，后来发射的

"天顶-2"卫星仅依靠胶卷相机获取侦察图像。

该卫星配有4台相机,其中3台是焦距1000毫米的SA-20,另1台是焦距200毫米的SA-10。后者用于拍摄低分辨率图像,以便为前者拍摄的高分辨率图像提供定位参考。

与美国"发现者"侦察卫星相机使用窄胶卷拍摄全景图像不同,苏联的SA-20相机用300×300毫米的方形画幅拍摄图像,这样能够获取立体平像场图像。

星上3台主相机每按一次快门可拍摄60×180千米地面条带,每台相机每一画幅可覆盖3600平方千米的面积。每颗"天顶-2"卫星在其飞行期间可拍摄大约1000万平方千米的面积,这个面积比美国的全部领土还大。

在轨道上,"天顶-2"卫星的纵轴与飞行路线一致,这有助于最大限度地减小大气阻力。相机透过回收舱侧面的观察孔观看地面,以三种不同模式拍摄图像:连续扫描、沿地面轨迹方向拍摄单幅图像、对地面轨迹任一侧拍摄单幅图像。

由于轨道会自然漂移,每颗卫星的轨道高度需要预先选定,以确保卫星在7天之内两次覆盖同一地区。这种卫星在标准情况下飞行持续时间仅为8天,有时也可能延长到12天。

除了进行过顶照相外,"天顶-2"卫星还装有一套名为"灌木12M"的专用系统,它能执行信号情报搜集任务,截获美国和北约的防空雷达频率。卫星上有一副高增益抛物面天线,用来下传电子侦察数据。

1968年,苏联推出了"天顶-2"卫星的一种改进型,即"天顶-2M"。这种新型卫星究竟有哪些改进并不清楚,只

知道该卫星是利用一种新的运载火箭来发射，它载有"天顶-4"所使用的一些改进系统，但去掉了信号情报搜集设备。"天顶-2"卫星服役了近7年，包括试验型和改进型在内总共发射了81颗，其中58次完全成功，11次仅部分成功，12次发射失败。

"天顶-2"的改进型，即"天顶-4"所携带的主遥感器是1台镜头焦距为3000毫米的相机。为了将它装入直径仅为2300毫米的舱内，设计师们把相机的光路加以折叠，使其向后转。

由于飞行时间短，"天顶-4"没有采用"天顶-2"那样既装有光学相机又装有信号情报搜集设备的通用型侦察卫星方案，不再携带信号情报搜集设备，信号情报搜集任务改用较小的专用卫星来执行。

首颗"天顶-4"卫星是1963年11月16日发射的"宇

宙-22"号。1968年，改进型的"天顶-4M"卫星开始正式服役。差不多与此同时，另一种变型卫星"天顶-4MK"也登场了，这种卫星主要供测绘之用。

在1969年以前，"天顶-4"的年发射率与"天顶-2"大致相同，每年发射10~13颗，而且两者的轨道参数也基本相同。最后一颗"天顶-4"是1970年8月7日发射的"宇宙-355"号。这种型号的卫星总共发射了74颗。

其实，"天顶"系列照相侦察卫星还包括多种不同类型："天顶-2"是苏联第一代普查型侦察卫星；"天顶-4"是第一代详查型卫星；"天顶-2M"是第一代普查寿命延长型；"天顶-4M"是第二代详查型；"天顶-4MK"是第三代详查型；"天顶-4MK/M"也是第三代详查型；"天顶-4MT"是第三代普查/测地型；"天顶-6"是第三代普查型；"天顶-8"是第三代侦察卫星，有普查、详查两种。

拓展阅读

"天顶-8"卫星是胶片返回式军用测绘卫星，其平台是改造的"东方"载人飞船。它使用"联盟"运载火箭从拜科努尔航天发射中心和普列谢茨克航天发射中心发射，轨道寿命为15天。该系列卫星轨道高度为350~420千米，轨道倾角70度，空间分辨率为2~3米。

美国"哥伦比亚"号航天飞机

美国"哥伦比亚"号航天飞机是美国第一架正式服役的航天飞机。1981年4月12日在美国卡纳维拉尔角肯尼迪航天中心成功发射。

这架航天飞机总长约56米，翼展约24米，起飞重量约2040吨，起飞总推力达2800吨，最大有效载荷29.5吨。它的核心部

分——轨道器长37.2米，大体上与一架DC-9客机的大小相仿。每次飞行最多可载8名宇航员，飞行时间7至30天。航天飞机可重复使用100次。航天飞机集火箭，卫星和飞机的技术特点于一身，能像火箭那样垂直发射进入空间轨道，又能像卫星那样在太空轨道飞行，还能像飞机那样再入大气层滑翔着陆，是一种新型的多功能航天飞行器。

1981年初，经过10年的研制开发，"哥伦比亚"号终于建造成功，它是第一架用于在太空和地面之间往返运送宇航员和设备的航天飞机。它第一次飞行的任务只是测试它的轨道飞行和着陆能力。在太空飞行54小时，环绕地球飞行36周之后，"哥伦比亚"号航天飞机安全着陆。此后，这架航天飞机又进行了四次飞行。

"哥伦比亚"号机舱长18米，能装运36吨重的货物。航天飞机外形像一架大型三角翼飞机，机尾装有三个主发动机和一个巨大的推进剂外贮箱，里面装着几百吨重的液氧、液氢燃料。它附在机身腹部，供给航天飞机燃料进入太空轨道；外贮箱两边各一枚固体燃料助推火箭。整个组合装置重约2000吨。

在返航时，它能借助于气动升力的作用，滑行上万千米的距离，然后在跑道上水平降落。与此同时，在滑行中，它还能向两侧方向作2000千米的机动飞行，以选择合适的着陆场地。

2003年1月16号发射升空的"哥伦比亚"号原定2001年升空，但由于技术故障和航天飞机调配等原因，发射日期一直被推迟到了2003年1月16号。"哥伦比亚"号此次飞行总共搭载了6个国家的学生设计的实验项目，其中包括中国学生设计的"蚕在太空吐丝结茧"实验。然而不幸的是，哥伦比亚号在2003年2月1日，在完成第二十八次任务重返大气层的阶段中与控制中心失去联系，并且在不久后被发现在德克萨斯州上空爆炸解体，机上7名宇航员人全数罹难。

"哥伦比亚"号上的 7 名宇航员包括第一位进入太空的以色列宇航员拉蒙，6名美国宇航员中有两位是女性。

美国国家航空和航天局公布的一份分析报告显示，"哥伦比亚"号航天飞机发射后不久可能曾被多达三块燃料箱外脱落的泡沫碎块击中。

报告称，在"哥伦比亚"号发射82秒后，有三个泡沫材料碎块从连接外部燃料箱和航天飞机的支架区域脱落，每个碎块长约50厘米，它们击中航天飞机后"似乎出现了瓦解"，化为大量更小碎片。

这一独立调查委员会后来得出的最主要结论是"哥伦比

亚"号机壳上可能出现孔洞，导致超高温气体进入航天飞机，最终酿成事故。而根据美宇航局21日公布的文件，宇航局一位工程师1月29日就曾在电子邮件中警告说，航天飞机外部隔热瓦受损，有可能导致轮舱或起落架舱门出现裂孔。

在调查委员会的报告中，外部燃料箱外表面脱落的泡沫材料撞击航天飞机左翼被认定是导致"哥伦比亚"号事故的技术原因，报告同时指出，美航空航天局的机构文化，对安全问题的长期漠视起到了与泡沫材料等同的作用。

报告还警告说：就航天飞机当时的设计而言，宇航员没有生还的可能，委员会确信，如果此类长期、反复出现的缺陷问题得不到解决，下一次事故将是不可避免的。

航天飞机系统非常复杂，这注定了航天飞机的发射要冒风险。但是一向以创新为荣的美国航空航天局却并没有停止研发航天飞机的步伐，此后他们又制造出多架航天飞机。

拓展阅读

"哥伦比亚"号航天飞机从1981年正式开启了美国国家航空和航天局的太空运输系统计划，期间一共进行了28次太空飞行任务，运送宇航员每次120人，分别完成了地球科学观测，部署军用、商用和通信卫星，实施天空实验室计划，进行各种微重力实验等各种任务。

美国"奋进"号航天飞机

　　"奋进"号航天飞机是美国国家航空航天局肯尼迪太空中心旗下，第五架也是最新的一架实际执行太空飞行任务的航天飞机，首次飞行是在1992年5月7日，负责的任务中有不小比例是支援国际太空站计划。

"奋进"号航天飞机于1991年建造，用来替代1986年在爆炸中损失的"挑战者"号。"奋进"号是以18世纪英国探险家詹姆斯·库克的考察船的名字命名的。

"奋进"号高36.6米，宽23.4米，重71吨，造价超过20亿美元。它是美国国家航空和航天局建造的5架航天飞机之一。

从某个角度来说，"奋进"号是一艘"拼装航天飞机"，它是以"发现"号和"亚特兰蒂斯"号的建造合约中一批同时生产的备用结构零件为基础，额外组装出来以便取代"挑战者"号意外坠毁后留下来的任务空缺。

不过，这样的拼装法并不代表"奋进"号的表现就会逊色一截，事实上因为是最后才开始建造，奋进号在建造过程中汲取了前辈们的许多教训，拥有更多新开发的硬件装备。而大部

分新一代的航天飞机仪器设备都是在"奋进"号上率先采用之后，才在稍后趁着停飞维修的期间，改装追加到其他几架航天飞机上的。

这些改良的重点包括有：首先，一具直径约12米的新型减速伞，能够缩短航天飞机落地后的减速滑行距离约近300米。

其次，一些配合延伸绕行期限改装所需的管线与电路联接，使航天飞机绕地球运行的任务期限延长到28天。

再次，升级版的航电系统，包括较先进的通用任务计算机，改良的惯性量测单元，策略性飞行导航系统，强化版的主任务控制器，多路转换器、多路分解器，固态跟星仪，与一套改良过的鼻轮转向机构。

最后，一套改良版的辅助动力系统，这是用来提供航天飞机液压系统所需的动力。

"奋进"号曾在1996年于加州棕榈谷进行过8个月长的绕地机维修停飞期，在这段期间航天飞机上改装了能与国际太空站进行接驳用的外部空气锁，以便在太空站于1997年开始建造后，与太空站联接，进行其所需的补给运输任务。

"奋进"号航天飞机曾承担了国际空间站第三个桁架部件的装配任务（代号STS-118）。这个重1820千克构架组件将安装在国际空间站桁架的右侧。

由于这个组件距离一些重要电子元件的距离非常小，有的地方甚至小于60厘米，因此，每个任务组成员都将参与到装配工作中来。他们各司其职，有的负责操纵机器臂，有的负责安装，有的负责从内部协助，还有的负责观测和协调整个工作进程。

修复工作被认为是整个任务中最困难的一项工作。空间站内一个控制运转的陀螺仪在1995年10月出了问题，这个陀螺仪的用途本是控制空间站的转向，出问题后陀螺仪不得不关闭。STS-118的工作人员将在这一期任务中更换这个陀螺仪。为了这一项任务，全体机组成员培训了将近一年的时间。

STS-118是一项为期11天的任务，其中包括3次太空行走。但由于空间站一项重大的进步，"奋进"号将能首次使用来自空间站的供电系统。因此，一旦这项空间站电力转换系统激活并投入使用，机组成员将可以在空间站多留3天，并增加一次太空行走。

2009年7月15日18时3分，此前已5次推迟发射的美国"奋进"号航天飞机从佛罗里达州肯尼迪航天中心成功升空，飞赴国际空间站。

美国航天局的电视直播画面显示，"奋进"号升空2分5秒之后，两个固体火箭助推器与航天飞机的外部燃料箱顺利分离，飞行8分半钟之后，火箭发动机按规程开始关闭。固体火箭助推器在分离后向大西洋方向坠落，美航天局将利用回收船将它们回收。

按计划，"奋进"号将于17日与国际空间站对接。届时，空间站内的人数将达到13人，创历史新高，此前的纪录为10人。这一切得益于国际空间站上的水循环设备从5月开始供水，空间站上的宇航员因此得以扩编，从3人增至6人。

　　"奋进"号此行将为空间站送去日本"希望"号实验舱的最后一个组件，即外部实验平台和其他设施，为空间站宇航员运送约288千克食物。"希望"号实验舱由日本建造，由美国航天飞机分3次送上空间站。

　　"奋进"号宇航员将在为期16天的任务期内进行5次太空行走，完成实验平台的安装工作，并给空间站外的太阳能电池板更换电池。此外，美国宇航员蒂姆·科普拉还将接替日本宇航员若田光一加入国际空间站长期考察组，后者将随"奋进"号返回地球。

　　2011年5月16日，"奋进"号航天飞机从美国佛罗里达州

肯尼迪航天中心发射升空，按照计划这将是"奋进"号最后一次太空之旅。

在本次编号为STS-134的任务中，"奋进"号将搭载着6名宇航员为国际空间站输送去价值20亿美元的太空实验设施。在本次发射之后，"阿特兰蒂斯"号航天飞机计划于6月进行其最后一次飞行任务，之后美国的航天飞机将全部退役。

"奋进号"2011年6月1日返回地球后进入博物馆，正式退役，另一航天飞机"发现"号已于2011年3月先行退役。2011年7月，"阿特兰蒂斯"号航天飞机进行最后一次飞行后，美国航天飞机将全部退役。此后美国宇航员只能依靠俄罗斯的飞船前往国际空间站。

拓展阅读

截止2011年5月，美国"奋进"号航天飞机共飞行25次，在太空渡过280天9小时，绕行地球4429圈，总飞行距离高达1.66亿千米。

苏联"暴风雪"号航天飞机

"暴风雪"号航天飞机是苏联建造的唯一一架航天飞机，其大小与普通大型客机相差无几，外形同美国航天飞机相仿。1988年11月15日，"暴风雪"号航天飞机从拜科努尔航天中心首次发射升空，47分钟后进入距地面250千米的圆形轨道。

它绕地球飞行两圈，在太空遨游3小时后，按预定计划于9时25分安全返航，准确降落在离发射点12千米外的混凝土跑道上，完成了一次无人驾驶的试验飞行。

"暴风雪"号航天飞机的机翼呈三角形，机长36米、高16米，翼展24米，机身直径5.6米，起飞重量105吨，返回后着陆重量为82吨。它有一个长18.3米、直径4.7米的大型货舱，能把30吨货物送上近地轨道，将20吨货物运回地面。头部有一容积70立方米的乘员座舱，可乘10人，设计飞行寿命100次。

"暴风雪"号航天飞机这次完全靠地面控制中心遥控机上电脑系统，在无人驾驶的条件下，自动返航并准确降落在狭长跑道上，其难度要比1981年美国航天飞机有人驾驶试飞大得多。

首先，"暴风雪"号的主发动机不是装在航天飞机尾部，

而是装在能源号火箭上。这样就大大减轻了航天飞机的入轨重量，同时腾出位置安装小型机动飞行发动机和减速制动伞。

其次，"暴风雪"号着陆时，可用尾部的小型发动机做有动力的机动飞行，安全准确地降落在狭长跑道上，万一着陆姿态不佳，还可以将航天飞机升起来进行第二次着陆，从而提高了可靠性。而美国航天飞机靠无动力滑翔着陆只能一次成功。

第三，"暴风雪"号能像普通飞机那样借助副翼、操纵舵和空气制动器来控制在大气层内滑行，还准备有减速制动伞，在降落滑跑过程中当速度减慢到500千米/小时时自动弹出，使航天飞机在较短距离内停下来。

"暴风雪"号航天飞机的研制工作开始于20世纪60年代，

也称"螺旋"计划。1962年，苏联第一五五设计局根据苏共中央下达的任务开始研制"50-50"计划，其中的"50号产品"为单座军用空天飞机，而"50-50"号产品为高超音速载机。"50"这一数字表示为即将到来的伟大的"十月革命"50周年献礼，并计划在此时进行首期亚音速试验。

高超音速载机由图波列夫设计局负责研制，它应在极大的速度和24~30千米的高度上释放这架10吨重的空天飞机。计算表明，该系统的有效载荷重量约为其发射重量的12.5%，且有85%的发射重量返回地球，而当时设计师科罗廖夫设计的320吨重的联盟火箭只能将发射重量的2.5%送上太空，返回地球的只有2.8吨重的着陆器。

同时，"螺旋"不光能返回，它还可以再次飞行，而且无需航天发射场。当时制造了试验型轨道飞机，并进行了首批计划内的飞行。

在返回大气层时，它就像飞机一样，可在半径为600~800千米的范围内选择着陆点。它的用途极为广泛，既可作为航天轰炸机或侦察平台，也可作为航天武器载机或作为有人驾驶的救援机，同时还可作为截击机或只是作为技术验证平台。

1967年，开始制造有人驾驶轨道飞机的缩比试验器。在这些1/2和1/3模型中，代号"105.11"的模型用于亚音速大气层试验，"105.12"用于超音速研究，"105.13"用于高超音速研究，但这一项目于1969年6月被中止，当时的国防部长格列奇科元帅认为这简直就是"天方夜谭"。

1974年6月30日，在火箭发动机专家格鲁什科的支持下，

"螺旋"计划恢复实施，并拟进行轨道飞机的亚音速飞行试验。1976年10月11日，该轨道飞机完成了第一次飞行，一年后的11月27日也完成了"米格-105"试验机从图-95KM型机上在5000米高度上的第一次投放，总共进行了8次试飞，从而确定了该空天飞机的亚音速气动性能和各系统在大气层中飞行的性能。

该空天飞机呈平底形状，采用升力体式机身，前部较大并向上翘起，因此该机又被戏称为"套鞋"。这种几何形状可大大降低机身在再入大气层时的受热程度。该机的独特之处是其可变式机翼。机翼安装时与水平面呈60度角，在起飞、轨道飞行和再入大气层时用作垂直安定面。

在再入大气层并将速度降低到亚音速后，机翼转至水平状态，从而增加了升力。机身、机翼和巨大垂直尾翼的后掠角度分别为78、55和60度。

"米格-105"安装有科列索夫研制的RD-36-35K型涡轮喷气发动机，轨道发动机由19台大小不一的发动机组成，以进行轨道粗定位和精确机动。该飞机长8.5米，高3.5米，重4220千克，翼展7.4米。这一方案最终被取消，但空天飞机的研制工作仍在继续进行。

在20世纪70年代初，美国研制了"太空梭"轨道飞机，也就是后来的航天飞机。这一时间，苏联也开始制造自己的"太空梭"，即"暴风雪"号航天飞机。

为研究从轨道返回时防热问题，设计者还研制了"布拉风-4"无人驾驶试验器，以"宇宙"系列的代号完成了4次轨道飞行，时间分别为1982年6月4日、1983年3月16日和12月27

日及1984年12月19日。最初两架空天试验机均溅落在印度洋上，其打捞工作引起了西方国家的注意。于是，后两架"布拉风"均着陆于克里米亚海区。

真正的轨道飞行是在1988年11月15日，承担任务的是OK-1K1。格林尼治时间3点，OK-1K1由能源号火箭从拜科努尔发射场2号发射台发射升空，进入一条近地点247千米，远地点256千米的轨道。这是一次无人测试飞行，所以航天飞机的生命保障系统没有运转，其上也没有安装任何软件。

由于计算机存储能力的限制，"暴风雪"号只环绕地球飞行了2圈，3小时25分钟后成功返回地面。"暴风雪"号配备有小型引擎，可以在一定程度上实现有动力返航，如果第一次着陆失败还可作二次飞行；它还可以通过机翼舵面调整飞行姿态，着陆时机动性也比美国的航天飞机强。

从第一次飞行执行的任务看，这显然不是计划中唯一的一次无人飞行试验，因为这次飞行连最重要的生命保障系统都没有测试。自动飞行是很成功的，它顺利抵抗住了速度达每小时34千米的侧风，降落后机身中线与跑道中线距离只有12.7厘米。这意味着即使是在发射时间上已落后于美国的航天飞机领域，苏联的航天技术仍然是世界一流的。

"暴风雪"号的成功首飞给各国带来了很大影响，人们期待着它能够早日作载人飞行。同年，苏联发行了一枚以"暴风雪"号为主题的邮票。

然而，由于苏联解体，昔日的计划失去了经济支持。1993年，"暴风雪"航天飞机机身的设计者莫尔尼亚联合体被迫承认，"暴风雪计划"就此结束。航天飞机只能存放在库房中，任灰尘飞扬，仪器老化。2002年，"暴风雪"号航天飞机因拜科努尔的厂房坍塌而被摧毁。

拓展阅读

"暴风雪"号航天飞机上的主发动机安装在"能源"号火箭上，这就大大减轻了航天飞机的入轨重量。虽然它比美国的航天飞机略大了一些，但其重量反而减轻了约5吨，这样就可以多装一些有效负荷。